用于国家职业技能鉴定
YONGYU GUOJIA ZHIYE JINENG JIANDING
国家职业资格培训教程
GUOJIA ZHIYE ZIGE PEIXUN JIAOCHENG

育婴员

（中级）

编审委员会

主　任　刘　康

副主任　张亚男

委　员　顾卫东　戴雅芳　孙兴旺　陈锡娥　陈　蕾　张　伟

编写人员

主　编　丁　昀

编　者　张　晶　曹志君　张静芬　金妹芳　茅红美　胡　育

中国劳动社会保障出版社

图书在版编目(CIP)数据

育婴员：中级/中国就业培训技术指导中心组织编写. —北京：中国劳动社会保障出版社，2013

国家职业资格培训教程

ISBN 978-7-5167-0646-6

Ⅰ.①育… Ⅱ.①中… Ⅲ.①婴幼儿-哺育-技术培训-教材 Ⅳ.①TS976.31

中国版本图书馆 CIP 数据核字(2013)第 234626 号

中国劳动社会保障出版社出版发行

（北京市惠新东街 1 号　邮政编码：100029）

*

三河市华骏印务包装有限公司印刷装订　新华书店经销

787 毫米×1092 毫米　16 开本　12 印张　222 千字

2013 年 10 月第 1 版　2023 年 6 月第 27 次印刷

定价：27.00 元

营销中心电话：400－606－6496

出版社网址：http: // www.class.com.cn

前言

Preface

为推动育婴员职业培训和职业技能鉴定工作的开展，在育婴员从业人员中推行国家职业资格证书制度，中国就业培训技术指导中心在完成《国家职业技能标准·育婴员（2010年修订）》（以下简称《标准》）制定工作的基础上，组织参加《标准》编写和审定的专家及其他有关专家，编写了育婴员国家职业资格培训系列教程。

育婴员国家职业资格培训系列教程紧贴《标准》要求，内容上体现“以职业活动为导向、以职业能力为核心”的指导思想，突出职业资格培训特色；结构上针对育婴员职业活动领域，按照职业功能模块分级别编写。

育婴员国家职业资格培训系列教程共包括《育婴员（基础知识）》《育婴员（初级）》《育婴员（中级）》《育婴员（高级）》4本。《育婴员（基础知识）》内容涵盖《标准》的“基本要求”，是各级别育婴员均需掌握的基础知识；其他各级别教程的章对应于《标准》的“职业功能”，节对应于《标准》的“工作内容”，节中阐述的内容对应于《标准》的“技能要求”和“相关知识”。

本书是育婴员国家职业资格培训系列教程中的一本，适用于对中级育婴员的职业资格培训，是国家职业技能鉴定推荐辅导用书，也是中级育婴员职业技能鉴定国家题库命题的直接依据。

本书在编写过程中得到上海市职业技能鉴定中心、上海市技师协会、上海市教育科学研究院普教所等单位的大力支持与协助，在此一并表示衷心的感谢。

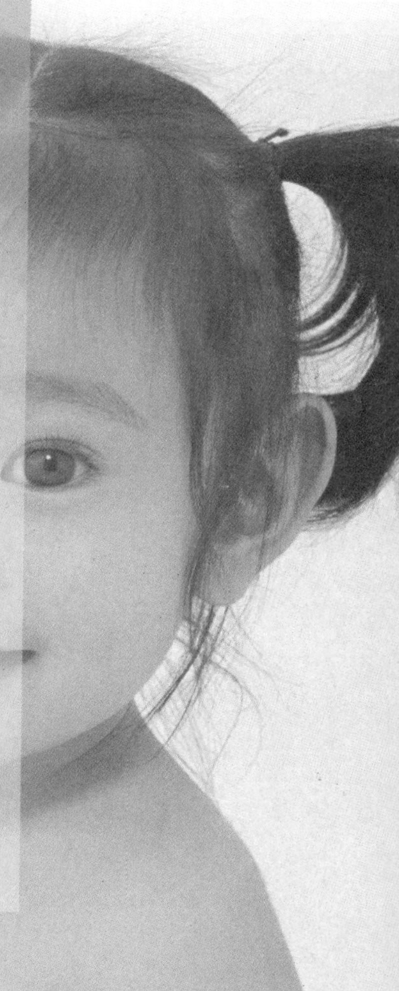

中国就业培训技术指导中心

目录

Contents

第1章　生活照料

经过初级育婴员的培训，育婴员已经掌握0~3岁婴幼儿喂养的基本技能，同时也能完成婴幼儿日常生活中的各项事务。基础理论的研究已经证明，人体内的每一个器官的活动都有一定的规律，日常生活的习惯也是逐步形成的。规律的生活习惯有助于在大脑皮层上形成有序的条件反射，使生理活动有规律进行，这也有利于婴幼儿健康成长。

婴幼儿生长发育迅速，而肠胃消化功能尚不够完善，如何遵循婴幼儿的生长发育规律，为其合理安排营养丰富且均衡的膳食，培养良好饮食行为，对促进婴幼儿的体格成长和智力发育至关重要。

本章育婴员要掌握两个部分的技能：在营养部分主要是科学、规范地制作适合婴幼儿食用的点心、蔬菜和水果汁，并能按照不同的月龄为婴幼儿安排制作一日膳食；在作息安排部分，育婴员要学习根据不同月龄的婴幼儿生理节律，制定适宜的一日作息表，同时逐步训练婴幼儿养成就餐、入睡和排便的良好习惯。

有营养的食物被烹制成婴幼儿喜欢并容易吸收的餐点，日常生活被循序安排符合婴幼儿活动和休憩的转变，这些技能需要育婴员在实践中不断练习并积累。

第1节 食品制作

学习单元1 制作点心

学习目标

- 掌握婴幼儿点心添加的作用和种类
- 能制作婴幼儿点心

知识要求

一、婴幼儿添加点心的作用

根据婴幼儿胃肠道的解剖和发育特点，婴幼儿期的消化、吸收功能较新生儿期成熟，但比年长儿、成人相对差，每餐进食的食物品种和数量相对少，而同时机体生长发育所需的营养的需求量仍然较大，因此需要通过添加点心的方式，补充主食热能和各种营养素的摄入不足。

二、婴幼儿点心的种类

1. 按食物的性状分类

婴幼儿点心的种类按照食物的不同性状可以分为荤菜类、蔬果类、豆制品类、奶制品类。常用于作为点心的荤菜包括动物肝脏、动物血、蛋类等；豆制品类主要有五香豆腐干、赤豆羹、绿豆汤等；奶制品类主要包括酸奶、乳酪等。

2. 按所含营养成分分类

婴幼儿点心的种类按其所含的营养成分可以分为蛋白质类、矿物质类、维生素类和热能类。蛋白质类点心包括动物性蛋白质、奶制品、豆制品，主要提供优质蛋白质；

矿物质类点心包括富含某类元素的食物，如动物肝、血可以提供丰富的铁质，适用于缺铁性贫血的儿童；维生素类点心主要指新鲜的蔬菜和水果，提供丰富的维生素 C、叶酸等；热能类点心包括面食、糕点、粥类、薯片等，富含碳水化合物，提供人体所需能量。

3. 按食物的功能分类

婴幼儿点心的种类按照作用可以分为功能性和休闲性两大类。一般而言，婴幼儿的点心最好以功能性为主，或补充热能，或补充特定的营养素。而单纯性的休闲类点心如膨化食品、巧克力、糖果、蜜饯类，应尽量少添加为好。

三、婴幼儿点心的进食时间

应按照婴幼儿的年龄阶段，合理安排点心的进食。年龄越小，增加点心的次数相对越多，每次进食量相对也较少。逐步地固定从每天安排早、中、晚三次点心，到上午、下午两次。一般进食时间安排在两顿主餐的间隔时间，距离下顿主食至少 2 小时。

四、婴幼儿进食点心的注意事项

1. 不能以点心替代主食

首先，进食点心要有节制，控制进食的量和进食次数，注意不能以点心替代主食。其次，点心的安排应以符合健康原则为主。减少购买经工业加工、纯热量的食品，尽量选用天然、新鲜的食物原材料在家制作点心。应根据婴幼儿年龄合理安排点心种类，婴幼儿不适宜以果冻，以及原粒花生等细小坚果类作为点心。

2. 注意点心和零食的区别

一般较大些的学龄前儿童的饮食中还有一项重要内容就是零食，主要是指正餐以外所进食的食物和饮料，即一日三餐、两点之外添加的食物，用以补充膳食中不足的能量和营养素。因此，零食是除点心外，因孩子活动量大，营养素需要量相对多，而需额外添加的食物。零食选择和安排应该合理，避免选用油炸食品、膨化食品、糖果和甜点等。

技能要求

【操作技能 1】水果羹的制作

一、操作准备

1. 原料准备

准备苹果、生梨、橘子、菠萝、黄桃、火龙果、椰果、冰糖、淀粉。

2. 炊具准备

准备砧板、刀具、煮锅、清洗篮、勺子、小碗、汤匙。

二、操作步骤

每次任选 2～3 种水果，洗净削皮去核，将果肉切成小丁状后放入煮锅里，加适量水烧开，放入椰果、冰糖再烧片刻，待冰糖融化，加入水淀粉勾芡。

三、注意事项

1. 应选用新鲜水果，切成细小丁状，便于婴幼儿咀嚼。
2. 适量添加糖，不宜过甜。
3. 水果羹宜选择作为日间点心，进食后要漱口。

【操作技能 2】赤豆粥的制作

一、操作准备

1. 原料准备

准备大米、赤豆、枸杞、糖桂花、百合、莲子、冰糖。

2. 炊具准备

准备煮锅、勺子、清洗篮、大碗、小碗、汤匙。

二、操作步骤

每次可任选枸杞、糖桂花、百合或莲子两样，干货需清洗干净后，浸泡 1～2 小时。取赤豆适量，清洗浸泡 2 小时。淘净大米放入煮锅里，加入赤豆以及上述任选的两样食材，加适量水烧开后再慢火煮半小时，加冰糖，烧融解化即可。

三、注意事项

1. 赤豆、百合或莲子需浸泡，这样更容易煮熟煮烂。
2. 大米选用粳米为好，较有糯性。
3. 适量添加冰糖，不宜过甜。

【操作技能 3】葱油饼的制作

一、操作准备

1. 原料准备

准备面粉、鸡蛋、白芝麻、小葱、烹饪油、盐。

2. 炊具准备

准备生熟砧板、刀具、平底煎锅、木铲、料理盆。

二、操作步骤

清洗小葱，切成葱花备用。将面粉倒入料理盆，加入适当比例的水调和成面团。将大面团分成若干小面团，用手搓成细条状，盘成面饼状，撒上葱花，放到起油的煎锅上，淋上少许烹调油，煎 3～5 分钟，撒上白芝麻、盐。

三、注意事项

1. 和面时加水不宜太少，面团以松软为好。小面团的大小要适中，使葱油饼的大小适合婴幼儿食用。

2. 煎葱油饼时要注意火候，宜文火慢煎，这样饼才能脆而不硬。

学习单元 2 制作蔬果汁

学习目标

- 掌握婴幼儿蔬果汁添加的作用
- 能制作婴幼儿蔬果汁

知识要求

一、蔬果汁的作用

新鲜的蔬菜和水果富含多种维生素、微量元素和膳食纤维。鲜榨蔬果汁制作简便，口味独特，是婴幼儿补充水分、获取营养、促进生长发育不可缺少的食物。蔬菜可以为机体提供丰富的维生素、矿物质、膳食纤维和植物化学物质；水果可以补充较多的碳水化合物、有机酸，并且独有特殊的芳香气味。

二、蔬果汁的品种

蔬果汁按照食材的品种，大体可以分为蔬菜汁、果汁和蔬菜水果汁。适宜为婴幼儿制作蔬菜汁的原材料包括黄瓜、胡萝卜、芹菜、番茄、玉米等。适宜制作果汁的包括甜橙、猕猴桃、苹果、梨、西瓜、葡萄、石榴、杧果等。任选 1～2 种蔬菜或水果，可以制作蔬菜水果汁，如番茄—胡萝卜—苹果汁。

三、蔬果汁的适用年龄

一般非纯母乳喂养婴儿满 4 个月后，就可以食用鲜榨果汁和水煮菜汁。鲜榨混合蔬果汁较适合于 12 个月以上的婴幼儿，以便于胃肠道的消化吸收。

四、蔬果汁饮用的注意事项

饮用蔬果汁的注意事项包括适宜的年龄（如上所述），以及应由少量开始，稀释后食用。过敏体质的婴幼儿应注意避免给予容易引起过敏的原料，如杧果、草莓等。并且单一的成分较好，尽量少给予混合果汁。

同时，注意水果不能代替蔬菜，蔬菜和水果在营养成分和健康效应方面各有特点。另外，果汁不能代替水果。果汁作为婴儿辅食的过渡阶段的食物，因加工过程中会使水果中的营养成分，如维生素 C 和膳食纤维等发生一定的损失，所以当婴儿能够进食半固体和固体食物时，应尽量选择将新鲜水果制作成果泥或水果条直接喂给孩子。

技能要求

【操作技能1】胡萝卜汁的制作

一、操作准备

1. 原料准备

准备新鲜的胡萝卜、纯净水、蜂蜜（用于1岁后儿童添加）。

2. 炊具准备

准备清洁的榨汁机、刨刀、砧板、切菜刀、小碗、小勺。

二、操作步骤

将胡萝卜清洗干净，用刨刀去皮，去头去尾，切成小块，放入榨汁机，加适量纯净水、蜂蜜，加工成鲜榨胡萝卜汁。

三、注意事项

注意应先将胡萝卜切成小块，同时添加适量水方可榨汁。胡萝卜汁适合9个月以上的婴幼儿食用。

【操作技能2】番茄汁的制作

一、操作准备

1. 原料准备

准备新鲜的番茄、纯净水、蜂蜜（用于1岁后儿童添加）。

2. 炊具准备

准备清洁的榨汁机、砧板、刀具、小碗、小勺。

二、操作步骤

将番茄清洗干净，挖去蒂部，然后切成块状，放入榨汁机中，加入适量纯净水、蜂蜜，加工成番茄汁。

三、注意事项

1. 加工时注意添加适量的水，稀释番茄浓汁。

2. 番茄汁适合9个月以上的婴幼儿食用，注意过敏体质的孩子宜从少量开始，谨慎食用。

【操作技能3】橙汁的制作

一、操作准备

1. 原料准备

准备新鲜的甜橙、纯净水、蜂蜜（用于1岁后儿童食用添加）。

2. 炊具准备

准备清洁的榨汁机、小碗、小勺。

二、操作步骤

将甜橙清洗干净，剥皮后将一瓣瓣果瓤放入榨汁机，添加适量纯净水、蜂蜜，制成橙汁。

三、注意事项

1. 橙汁应稀释后方可给婴儿食用，蜂蜜不宜添加过多。
2. 橙汁适合4~6个月及以上的婴幼儿食用。

【操作技能4】梨汁的制作

一、操作准备

1. 原料准备

准备新鲜的梨、纯净水、蜂蜜（用于1岁后儿童食用添加）。

2. 炊具准备

准备榨汁机、刨刀、水果刀、小碗、小勺。

二、操作步骤

将梨清洗干净后，用刨刀去皮，然后用水果刀将果肉切成小块，放入榨汁机，添加适量纯净水、蜂蜜，制成梨汁。

三、注意事项

1. 梨汁相对较为阴凉，大便稀薄的孩子不宜过多食用。
2. 梨汁适合4~6个月及以上的婴幼儿食用。

学习单元 3 为 0～6 个月的婴儿制作一日膳食

学习目标

- 掌握 0～6 个月婴儿食物选择的要点
- 能为 0～6 个月婴儿制作一日膳食

知识要求

一、坚持母乳喂养

0～6 个月的婴儿应坚持母乳喂养，母乳是 6 个月内婴儿最好的天然食物，营养成分可以满足其生长发育的需求，可以为生命提供最良好的开端。

二、适当饮水

水是维持生命的必需物质，是人体内最多的组成成分，机体内重要的物质代谢和生理活动都需要水的参与。母乳不足，需要添加配方奶喂养时，应注意补充足够的水分。

三、适时添加辅食

母乳充足时，建议 0～6 个月纯母乳喂养，满 6 个月时添加辅食。如果为混合喂养或人工喂养，可在保证奶量的基础上，满 4～5 个月时开始添加辅助食品。

技能要求

为0~6个月的婴儿制作一日膳食

一、操作准备

1. 制定每日膳食框架

0~6个月的婴儿食物以乳类为主，母乳分泌充足时坚持纯母乳喂养，因各种原因造成母乳分泌不足时，选择婴儿配方奶粉。人工喂养儿或混合喂养儿4个月后可以开始添加辅食，按照辅食添加的顺序和原则，更换食物的品种。

2. 原料准备

人工喂养和混合喂养时，根据膳食框架，准备婴儿配方奶粉，以及相应的食材，如米粉、奶糕、鸡蛋；多种水果，如果汁；多种蔬菜，如蔬菜菜汁；动物类食物，如肝粉和动物血等。同时需要准备饮食器具，如奶瓶、锅、碗、勺等。

二、操作步骤

1. 乳类的量和进食时间

纯母乳喂养时，应按需哺乳，每天喂奶6~8次。根据年龄、性别、个体差异不同，奶量也有所不同。一般平均每次奶量如下：1个月内为60~120 mL，1~3个月为120~150 mL，4~6个月150~180 mL。人工喂养儿，一般每3~4小时一次，奶量参照配方奶粉说明。

2. 饮水的量和进食时间

母乳喂养时一般可以不必加喂水，人工喂养或混合喂养时，需要根据婴儿的奶量，按婴儿150 mL/kg的每日需水量，去除奶粉调配时的水量，余下的水分在喂奶间隔期间补充。

3. 辅食的量和进食时间

纯母乳喂养的婴儿6个月龄开始添加辅食。可选择在上午或下午喂食。一般营养米粉25~50 g，蛋黄半个，水果50 g，蔬菜10~20 g，动物血10~20 g或肝粉5~10 g。

三、注意事项

1. 以乳类为主

0~6个月的婴儿的饮食以乳类为主，乳类的营养成分符合婴儿的生长发育需要，同时适合婴儿的胃肠道消化吸收。不能以辅食当作婴儿的主要饮食，而随意减少奶量的摄入。

2. 培养饮食规律

满 4 个月龄婴儿的喂养，应逐渐调整按需喂哺的方式，注意培养其建立一定的饮食规律，便于饮食模式的逐步过渡，培养良好的饮食习惯，促进消化道对营养的吸收和利用。

学习单元 4 为 7～12 个月的婴儿制作一日膳食

学习目标

- 掌握 7～12 个月婴儿食物选择的要点
- 能为 7～12 个月婴儿制作一日膳食

知识要求

一、继续乳类喂养

乳类是 7～12 个月婴儿营养的主要来源，建议每天应提供 600～800 mL 的奶量，以保证婴儿正常体格和智力发育。母乳仍是婴儿的首选，鼓励 7～12 个月的婴儿继续母乳喂养，如母乳不能满足需要时，可补充适龄婴儿配方奶。

二、辅食品种多样化

婴儿 6 个月龄后，在母乳喂养的基础上，逐步添加辅助食品，由少量到多量、由一种到多种，逐渐丰富辅食的品种。添加谷类食物如米粉、粥、烂面、馒头、面包等；添加动物类辅食如蛋、鱼泥、肉末、动物肝、动物血等；添加新鲜水果，如果泥；新鲜蔬菜，如菜泥，并逐步过渡到碎菜、添加豆腐等。

三、饮食行为的培养

逐渐让婴儿自己进食，培养良好的进食行为。开始添加辅助食品时，应用小勺给婴儿喂食，对于7～8个月的婴儿，则可以允许婴儿尝试自己用手抓或握食物进食。到10～12个月时，可以鼓励婴儿自己用勺吃，锻炼其手眼协调能力，培养专心进食的好习惯。

技能要求

为7～12个月的婴儿制作一日膳食

一、操作准备

1. 制定每日膳食框架

按照中国营养学会妇幼分会编制的《中国孕期、哺乳期妇女和0～6岁儿童膳食指南》的要求，制定7～12个月婴儿一天的膳食框架：乳量600～800 mL，粮食50～75 g，蛋1个，禽、鱼、肉25～50 g，蔬菜和水果50～100 g，豆制品15～20 g，油5～10 g。

2. 原料准备

以膳食框架为基础，每日变换各大类食物品种，准备相应的原材料，包括主食、副食、调味料等，从而搭配出不同的膳食，尽量减少重复的菜肴。主食可以用粥、不同面点搭配，副食可以用肉、鱼、禽搭配。1岁以内婴儿膳食的调味料中以适量的油、糖为主，不加盐。

二、操作步骤

1. 乳类的量和进食时间

600～800 mL的乳量，可以分配在早上6点、上午10点、下午3点，以及晚上8点，每次150～200 mL。

2. 辅食的量、品种和进食时间

辅食的进食应安排在两顿奶之间，随着婴儿月龄的增长，逐渐由一次到两次，到一日三次。辅食的品种安排，遵循辅食添加的原则和顺序逐步添加。辅食的量按照婴儿月龄的大小、男女性别差异，以及个体差异而略有不同。

三、注意事项

1. 保证乳类的量

随着月龄的增长，婴儿乳类的摄入量较前有所减少，但要注意乳类仍然是婴儿期的主要食物，不能因为辅食的增加而过多地减少乳类的进食，甚至以辅食作为主食，忽视乳类的摄入，最终影响婴儿的生长发育。

2. 培养良好的饮食习惯

合理安排饮食，固定就餐时间，固定就餐位置。经常变换食物花样，给予多种口味的食物。逐步培养婴儿独立进食的习惯，每餐给予适宜的食物量，少盛多添，以免养成剩饭剩菜的习惯。饭前不做剧烈运动，不吃甜食和产气的零食，保持婴儿良好的食欲。允许婴儿在许可范围内有一定的选择权，不急于迫使婴儿吃某种尚不爱吃的食物，使进餐过程情绪愉快。注意不宜用食物作为奖励，避免诱导婴儿对某种食物产生偏好。通过反复、耐心的引导，养成婴儿不偏食、不挑食的好习惯。

学习单元 5 为 13～18 个月的婴幼儿制作一日膳食

学习目标

- 掌握 13～18 个月的婴幼儿食物选择的要点
- 能为 13～18 个月的婴幼儿制作一日膳食

知识要求

一、食物品种丰富

13～18 个月的婴幼儿的食物选择应按照营养全面丰富、易消化的原则，通过引入品种丰富的各类食物，保证婴幼儿生长发育的需要。同一大类中可以选择不同品种的

食物，例如粮食类，可选用大米、小米、玉米、糯米、面条、馄饨、包子等。

二、创造良好的进餐环境

进餐环境宜安静愉悦，餐桌椅、餐具可适当儿童化，创造良好的进餐环境。培养婴幼儿良好的饮食习惯，逐渐做到定时、适量、有规律地进餐。家长应以身作则，鼓励、引导婴幼儿自主进餐，不强迫、不诱导，用良好的饮食习惯给婴幼儿进餐做示范，避免婴幼儿出现不良习惯。

技能要求

为13～18个月的婴幼儿制作一日膳食

一、操作准备

1. 制定每日膳食框架

根据13～18个月婴幼儿的生长发育需要，制定每日膳食框架：奶类350～400 mL，米、面等粮谷类食物75～100 g，蛋类、鱼虾类、畜禽类50～80 g，新鲜蔬菜100～125 g，水果100～125 g，植物油10～15 g，糖、盐等调味品适量。

2. 原料准备

满周岁后婴幼儿的食物品种更加丰富，在原有饮食基础上，按照膳食框架，每日变换各大类食物品种，以此准备相应的原材料，包括主食、副食、配料、调味料等，从而搭配出不同的膳食，一周内尽量减少重复的菜肴。一岁后的婴幼儿的膳食制作中可以少量加盐。原料准备要保证新鲜，遵循现买、现做、现吃的原则。

二、操作步骤

1. 主副食搭配

13～18个月的婴幼儿，主食已经由奶类向粮谷类过渡，婴幼儿喂养不再以奶类为主，而以米、面作为主食，同时搭配各类副食，包括动物类食物、蔬菜水果类、奶类和豆制品，以及调味类，做到平衡膳食，合理喂养。

这个时期，婴幼儿的体格和脑的发育速度虽然较婴儿期有所减慢，但仍很迅速，对蛋白质的需求量高，每日饮食中需要添加含氨基酸的蛋白质食品，如鱼、肉、蛋、禽类。蔬菜和水果可以提供丰富的维生素和矿物质，奶类和大豆制品含有人体所需特定的营养成分，需要每天摄入。

同时，为改善膳食口味和性状，调节热量供给，每日膳食中还需要各类调味品的

使用，应选择适合婴幼儿年龄阶段的配料和调味料，避免添加刺激性食物。

2. 奶类的摄入

奶类虽然不再作为婴幼儿的主食，但因其营养价值高，容易消化、吸收，仍需要保证足够奶类的摄入。继续母乳喂养，或每日给予不少于 350 mL 的奶，建议首选适合年龄段的婴幼儿配方奶粉。

三、注意事项

1. 注意营养搭配

13～18 个月的婴幼儿已经有选择食物的倾向，每餐的食欲和食量也会有所波动。这种顺其自然的择食方式，使得婴幼儿所选的食物基本适合自己的生理需要，在一定时间内各种营养成分可以自动达到平衡。注意增加含铁丰富的食物，避免因铁缺乏造成缺铁性贫血的发生。适当选用鱼虾类，尤其是海鱼类，鱼类脂肪有利于婴幼儿的神经和视网膜发育。

2. 不适合婴幼儿食用的食物

一般带壳、生硬、粗糙或过于油腻，以及刺激性的食物都不适合婴幼儿食用。鱼虾、蟹类、排骨等都要认真剔骨去刺后方可加工食用。豆类、花生、杏仁或核桃仁等一类食物需磨碎烧熟后给婴幼儿食用，不宜给婴幼儿直接食用坚硬的食物或硬壳果类，避免异物吸入。含粗纤维的芹菜，易胀气的蔬菜，如洋葱、生萝卜，婴幼儿宜少食用。油炸、含糖高的以及腌腊食品也不应多食。

学习单元 6 为 19～24 个月的婴幼儿制作一日膳食

学习目标

- 掌握 19～24 个月婴幼儿食物选择的要点
- 能为 19～24 个月婴幼儿制作一日膳食

知识要求

一、科学搭配

19～24 个月婴幼儿的牙齿和胃肠道发育相对较前期成熟，但仍不够完善，食物以清淡、易消化为佳，应科学搭配饮食，以保证幼儿的营养需求，促进生长发育。

1. 补脑食物

科学的膳食搭配可以改善婴幼儿大脑的发育。首先保证足够的粮谷类，以提供适量的葡萄糖作为大脑活动的基础；还要提供富含谷氨酸、B 族维生素和 C 族维生素的食物，如麦麸、豆类及豆制品、动物内脏、瘦肉、鱼、水果、蔬菜以及坚果类。

2. 补钙食物

为婴幼儿提供含钙丰富的食物，如奶类、海产品、豆类及豆制品，以促进其骨骼和牙齿的发育。

3. 补充组氨酸

保证富含组氨酸的食物供给，如牛肉、鸡肉、黄豆、豆制品、土豆、玉米等，以改善机体免疫力，减少乏力、畏寒、贫血等不良症状和疾病的发生。

4. 补充粗粮

膳食构成中应适当添加粗粮，如玉米、高粱、小米、血糯米等，可以提供丰富的 B 族维生素、膳食纤维、矿物质和碳水化合物。

5. 提供质地稍硬的食物

适当提供稍硬些的小块食物，如馒头片、面包干等，可以通过增加牙齿的咀嚼力，促进幼儿牙弓、颌骨的发育。

二、注意合理加工

1. 少食盐

婴幼儿的肾脏功能发育尚未完善，摄入过多的盐，将导致水、钠潴留，加重心脑负担，引起水肿。因此，膳食口味应清淡，尽量少食盐。

2. 合理加工

要完好地保存食物中的营养素，宜注意烹制方法，合理加工。如淘米时，不宜用力搓，不用热水淘米，也不宜长时间浸泡，淘 2～3 次即可。烹制时加水要适宜，以蒸、焖饭为好。购买新鲜蔬菜，可在水中浸泡以去除农药的污染，应先洗后切，现切现炒，急火翻炒。

3. 合理烹饪

膳食制作应注意将肉、肝类切碎、鱼虾去骨去刺、蔬菜可切成片状、丝状，以烧、炖、蒸等方法将食物煮软、烧烂，不宜油炸，不宜使用刺激性强的调味品，如辣椒、花椒等。荤素搭配平衡，尽量选用深色蔬菜，做到色、香、味、形满足婴幼儿的需求。

技能要求

为19～24个月的婴幼儿制作一日膳食

一、操作准备

1. 制定每日膳食框架

根据19～24个月婴幼儿的生长发育和营养需要，制定每日膳食框架：奶类350～400 mL，米和面等粮谷类食物100～125 g，蛋类、鱼虾类、畜禽类75～100 g，新鲜蔬菜125～150 g，水果125～150 g，植物油15～20 g，糖、盐等调味品适量。

2. 原料准备

随着年龄的增长以及体格和精神发育，1岁半至2岁婴幼儿的饮食除了食物品种的丰富，食物的量也有所增加。按照膳食框架，准备相应的原材料，包括粮谷类、荤菜类、蔬菜类、豆制品、内脏、水果、调味料等，从而搭配出不同的膳食。原料准备的时候也应同时考虑烹饪方法，以尽量满足菜式的变化。

二、操作步骤

1. 早餐的制作

早餐一般搭配粥、馒头或面包、奶、蛋、豆制品、水果等。

(1) 红薯粥的制作示例

原料：红薯、粳米、冰糖适量。

制作方法：将新鲜红薯洗净，去皮，切成小块备用。将大米淘洗干净。把锅放置在火上，将红薯、粳米、适量水同煮成粥。

营养价值：红薯富含碳水化合物、膳食纤维、蛋白质、维生素A、钙、磷等，与粳米同煮熬粥，有强脾健胃，补中气的效果。

(2) 鸡蛋羹的制作示例

原料：鸡蛋、虾皮、葱花、盐、香油。

制作方法：取新鲜鸡蛋，将蛋清、蛋黄磕入碗中，加入虾皮和葱花，放入精盐、香油搅打均匀，加入凉开水调匀。将蒸锅放置在火上，加水烧开，放入蛋羹碗，加盖

隔水旺火蒸15分钟即可。

营养价值：鸡蛋富含卵磷脂，蛋白质，铁，维生素 B_1、B_2，虾皮含丰富钙、磷，它们是促进婴幼儿生长发育的保健食品。

2. 早点的制作

早点可以选择配方奶、各类糕点、包子，以及湿制点心等。

(1) 芹菜牛肉包的制作示例

原料：面粉、酵母粉、牛肉、芹菜、洋葱、盐、糖、酱油。

制作方法：在面粉中加入酵母粉，添加适量温水和成软硬适中的发酵面团。牛肉用搅拌机打碎，芹菜和洋葱分别洗净切末，将3种原料放置碗内，加入盐、酱油、糖搅拌成馅料。面团制成大小适中的面皮，包入馅料，放置蒸锅内水开后大火蒸20分钟。

营养价值：牛肉蛋白质含量高，芹菜富含维生素和膳食纤维，并散发植物芳香味，两者搭配既能提供丰富的营养，同时色、香、味俱佳。

(2) 绿豆百合汤的制作示例

原料：绿豆、百合、冰糖。

制作方法：将绿豆洗净，浸泡2～3小时。将煮锅放置火上，放入绿豆、鲜百合，加水同煮，水开后慢火煮1小时，加入冰糖。

营养价值：绿豆有清热解毒、消肿凉血的功效。尤其适合夏季食用。

3. 午餐的制作

午餐可以米饭、面食为主食，搭配鱼、肉、禽，各色蔬菜以及汤羹类。

(1) 沙司排条的制作示例

原料：猪肉、鸡蛋、洋葱、生粉、番茄酱、盐、糖、醋、酱油。

制作方法：将猪肉切成3～4 cm的小长条，用鸡蛋、盐少许拌匀，再加入生粉、适量水充分搅匀。将油锅加热到六七成热，放入猪肉条炸熟，取出沥干待用。再起油锅，煸炒洋葱末至出香味，放入番茄酱、糖、醋、盐、少许酱油烧开，放入肉条翻炒2～3分钟，勾芡后即可。

营养价值：猪肉富含蛋白质、脂肪、铁、锌，有滋阴补肌、润肠养胃的功效，菜品的色泽鲜艳，甜酸可口。

(2) 炒什锦素丝的制作示例

原料：绿豆芽、胡萝卜、百叶、香菇、金针菇、盐、食用油、麻油。

制作方法：绿豆芽去根洗净，胡萝卜去皮切丝，香菇和金针菇浸泡2～3小时，香菇切丝，百叶洗净切丝，将油锅烧热，放入香菇、金针菇煸炒，加盖煮2～3分钟，再加入百叶丝、胡萝卜丝、绿豆芽继续煸炒，加盐，淋上少许芝麻油即可。

营养价值：绿豆芽含维生素C量多，胡萝卜富含胡萝卜素，百叶含钙丰富，香菇

含有丰富的蛋白质、矿物质和维生素，香菇多糖有抗癌作用。金针菇富含锌、钾和膳食纤维，有增强体质和益智功能。

(3) 番茄土豆汤的制作示例

原料：番茄、土豆、开洋、葱花、盐、麻油。

制作方法：将土豆洗净去皮，切成小块状。番茄洗净切块，油锅烧热后，放入番茄煸炒，加土豆、开洋和适量水煮。水开后小火煮8～10分钟，加盐、葱花，淋上麻油即可。

营养价值：番茄富含维生素C、胡萝卜素，番茄红素对多种细菌和真菌有抑制作用，可保护细胞免受氧化损伤。土豆富含赖氨酸、钙、钾、镁，碳水化合物以淀粉形式存在，易于消化吸收。

4. 午点的制作

下午点心一般可以选用湿制的粥、羹、露、糊，搭配干点，如酥、糕、面包等。或者搭配汤面、面糊等。

(1) 红豆西米露的制作示例

原料：红豆、西米、糖。

制作方法：红豆洗净后，加适量水放入高压锅，水开后以小火煮5分钟，然后熄火焖熟出锅。将水煮沸，放入西米继续煮10分钟后熄火，利用余温焖10分钟，至西米成透明状。取红豆、西米适量，加糖即可。

营养价值：红豆中赖氨酸含量较高，宜与粮谷类食品混合食用。西米富含淀粉，有健胃、化痰的功用。

(2) 莲子枣泥糕的制作示例

原料：糯米粉、莲子、红枣、桂花、糖、油。

制作方法：将红枣洗净煮烂后，去皮去核制成泥状。莲子洗净浸泡20分钟，切成颗粒状，将枣泥、莲子颗粒拌入糯米粉，加适量糖、水，搅成较厚的糊状，倒入涂油的瓷盘中，撒上糖桂花，水开后蒸30分钟，取出冷却后切成块状即可。

营养价值：红枣含有丰富的维生素、碳水化合物和蛋白质，莲子富含蛋白质、钙、磷、钾，两者搭配有补血、养心和安神作用。

5. 晚餐的制作

晚餐的食材选料和食谱搭配，以与午餐相互补充为好。

(1) 玉米鳜鱼粒的制作示例

原料：鳜鱼肉、鲜玉米、葱丝、大蒜、花椒、淀粉、料酒、酱油、盐、油。

制作方法：将鳜鱼肉切成丁状，用盐、料酒稍微腌制5分钟，拌入淀粉搅匀。玉米清洗好后，用水煮熟后取玉米粒。将鱼丁下锅滑炒片刻出锅，放入笋丁炒2分钟，加入料酒、酱油，放入鱼丁、葱丝、大蒜，加适量水烧开后即可。

营养价值：鳜鱼富含蛋白质、多不饱和脂肪酸、维生素和矿物质，肉质细嫩。玉米富含镁和亚油酸，与鳜鱼搭配，含有多种营养物质，味道鲜美，不定期可以健脑、强身。

（2）上汤米苋的制作示例

原料：米苋、鸡汤、火腿丁、大蒜、盐、油。

制作方法：将米苋洗净去根，切成小段。在炒锅中放少许油，放入蒜头、米苋煸炒，加入鸡汤、火腿丁烧开，加入少许盐即可。

营养价值：米苋含有丰富的蛋白质、铁、钙、胡萝卜素，对儿童的生长发育有促进作用。搭配火腿、大蒜，菜色诱人，风味独特。

（3）荠菜肉糜羹的制作示例

原料：荠菜、猪肉、姜末、盐、料酒、淀粉、麻油。

制作方法：将荠菜洗净去根，切成碎末状，猪肉切成肉末，将油锅加热，放入姜末、肉末煸炒，加料酒、适量水烧熟，放入荠菜末，烧开后加盐、麻油，淀粉勾芡后即可。

营养价值：荠菜含有丰富的维生素 C、胡萝卜素和纤维素，特殊的香味使菜肴别具风味，和猪肉搭配可以起到补中气、明目的作用。

三、注意事项

1. 进食量逐步增加

婴幼儿的进食量应与婴幼儿的生长发育进程和体力活动强度相适应，随着婴幼儿的生长发育，婴幼儿的营养需要量不断增加，进食量也逐步增加。由于婴幼儿的饮食摄入调节中枢的发育尚不够完善，对进食量的自身生理调节相对较弱，因此应根据年龄阶段合理调整进食量，否则进食不足将导致婴幼儿营养不良。但也要合理掌握进食量。而进食过量，又会造成超重和肥胖。

2. 促进消化吸收

婴幼儿对营养物质的需求相对仍然较高，而消化能力相对较差，胃容量小，因此应为婴幼儿提供容易消化的食物，促进营养物质的吸收。婴幼儿对蛋白质的数量和质量都有较高的要求，宜给予优质蛋白质；婴幼儿生长发育迅速，对能量的需求高，应保证能量密度较高的富含脂肪的食物供给。钙、铁、锌和多种维生素的摄入需求，可通过提供富含营养素的鱼类，天然的奶类、蔬菜和水果来保证。保持适宜的运动量，可以增强食欲，促进消化吸收。

学习单元 7 为 25～36 个月的婴幼儿制作一日膳食

学习目标

■ 掌握 25～36 个月婴幼儿食物选择的要点
■ 能为 25～36 个月婴幼儿制作一日膳食

知识要求

一、膳食比例适当

将含有各类营养素的每日所需的食物按比例分配到三餐和点心中，按每天热量的摄入量需求，各餐次的热量分配为早餐 25%、早点 5%、午餐 30%、午点 10%、晚餐 30%。

每餐应保证粮谷类的足够摄入，以满足婴幼儿对热量的需求。优质蛋白质的摄入应占到总蛋白质的一半以上，并且合理分配到各餐之中，午餐中蛋白质含量较早餐和晚餐可略多些。橙绿色等深色蔬菜应占蔬菜总量的一半以上。

二、注意饮食卫生

在食物的选购、储存和加工等各个环节，应注意饮食卫生。到有经营许可证的固定摊位选购食物，选用清洁未变质的食物原材料。一次选购数量不宜过多，粮食类、油、糖、盐等可以储存时间略长些，蔬菜和水果最好当天选购当天用完，鱼、肉、禽等荤菜类可存放冰箱，但仍需尽早食用，并保持冰箱的清洁卫生。

不喝生水，不吃未洗净的蔬菜、瓜果，不食用隔夜饭菜和不洁变质的食物，尽可能不选用半成品或熟食，如食用则应彻底加热。餐具应彻底清洁，并加热消毒。将餐具放入水中，水开后煮沸 10 分钟可起到消毒作用。注意个人清洁卫生工作，培养婴幼儿养成饭前便后洗手等良好的卫生习惯。

技能要求

为 25～36 个月的婴幼儿制作一日膳食

一、操作准备

1. 制定每日膳食框架

根据 25～36 个月婴幼儿的生长发育和营养需要，制定每日膳食框架：奶类 350～400 mL，米和面等粮谷类食物 125～150 g，蛋类、鱼虾类、畜禽类 100 g，新鲜蔬菜 150～200 g，水果 150～200 g，植物油 20～25 g，糖、盐等调味品适量。

2. 原料准备

按照膳食框架，选择粮谷类、荤菜类、蔬菜类、豆制品、水果等各大类食物的不同品种，使每日三餐两点的菜式各有不同，以此准备相应的原材料。尽量保持原料的原汁原味，减少口味过重的调味料的使用。注意原料准备时应根据婴幼儿的体质特点、生长发育和活动量不同来选择食物的品种和数量，减少过敏等不良症状的发生。

二、操作步骤

1. 早餐的品种和数量

粥可以是白粥，或者各类花色粥，如赤豆粥、绿豆粥、小米粥、百合粥等，或者各类菜粥，如芹菜粥、猪肝粥、皮蛋瘦肉粥、海鲜粥等。

馒头或面包可以是白切馒头、切片面包，或者豆沙包、肉包、素菜包等，以及椰丝面包、果酱面包、热狗等。

早餐品种和数量示例 1：一小碗粥、一片面包、一个鸡蛋、半个苹果。

早餐品种和数量示例 2：一杯配方奶（200 mL）、一个豆沙包、半根香蕉。

2. 早点的品种和数量

根据早餐的饮食情况，选择早点的样式和数量，以补充早餐热量和主要营养素的不足。

早点品种和数量示例 1：一杯配方奶（150 mL）、一块饼干。

早点品种和数量示例 2：一小碗菜粥。

早点品种和数量示例 3：8～10 个小馄饨。

3. 午餐的品种和数量

主食以软饭、烂饭、面食为主，可以搭配粗粮，如玉米、红薯、血糯米等。

荤菜的搭配可以选择河鱼或海鱼类，如鲈鱼、鳜鱼、草鱼、花鲢、带鱼、鲳鱼、黄鱼、三文鱼、鳕鱼等；河、海鲜类，如虾、蟹、鳝、贝类等；畜禽类，如猪肉、牛肉、鸡肉、鸭肉、内脏、鸡鸭血等。

素菜可选择各类蔬菜，如菠菜、鸡毛菜、青菜、大白菜、花椰菜、卷心菜、丝瓜、黄瓜、瓠瓜、冬瓜、茄子、番茄、胡萝卜等；豆制品，如豆腐、豆腐干、百叶等；其他如海带、木耳、蘑菇、香菇、金针菇、平菇、金针菜等。

午餐品种和数量示例 1：一小碗血糯米软饭、3～4 块红烧牛肉、2 汤匙蒜香四季豆、小半碗银鱼蛋花羹。

午餐品种和数量示例 2：一碗什锦排骨面（面条、排骨熬汤后去骨存肉、番茄、胡萝卜、白萝卜、杭白菜、木耳、香菇）。

午餐品种和数量示例 3：小半碗烂饭、半个刀切馒头、1 块干煎带鱼（去骨刺）、2 汤匙上汤西兰花、小半碗海带肉末汤。

4. 午点的品种和数量

如果午餐的进食品种为面食，那么午点就要选择干点心，如包子、糕点等，以增加食物的能量密度，补充午餐热量和营养素的不足。午点也可以选择自制的粥、面条、水饺等。

午点品种和数量示例 1：一小碗香芋红豆沙。

午点品种和数量示例 2：一杯豆浆（150 mL）、一块萝卜糕（3 cm×1 cm×6 cm）。

午点品种和数量示例 3：一小碗三丝煨面（包括胡萝卜丝、香菇丝、干丝）。

5. 晚餐的品种和数量

晚餐食物的搭配尽量选用与早、午餐和点心不同种类的食材，做到食物品种丰富，满足膳食平衡的要求。

晚餐品种和数量示例 1：一小碗软饭、4～5 只枸杞虾仁、2 汤匙丝瓜炒蛋、小半碗鸡蓉玉米汤、一个猕猴桃。

晚餐品种和数量示例 2：一小碗烂饭、1 汤匙五香鸡肝、2 汤匙清炒菠菜、小半碗冬瓜木耳肉末汤、1 个甜橙。

三、注意事项

1. 饮食逐步定量

随着年龄的增长，幼儿的牙齿发育、胃容量增大，以及胃肠道消化酶的分泌、胃肠道蠕动能力的增强，幼儿的咀嚼能力和消化能力逐渐完善，对营养物质的摄取、消化和吸收较前有明显提高。为维护消化道的摄食、消化、吸收和排泄的工作节奏张弛有度，幼儿的一日生活安排应逐渐相对固定和有规律，饮食安排宜逐步定时、定量，避免暴饮暴食、偏食、挑食以及多食零食，同时也应注意防范厌食、边玩边吃等不良饮食行为和习惯，逐渐建立规律的饮食习惯。

2. 食量与体力活动平衡

食物可以给人体提供能量，而机体的活动则会消耗能量。如果进食量过大而活动量不足，那么摄入过多的能量就会以脂肪的形式在体内沉积，造成体重的过度增长，从而导致肥胖；相反，如果进食量不足，而同时活动量过大，那么则会引起营养不良，长此以往将对儿童的智力发育造成一定影响。因此，需要保持进食量和能量消耗之间的平衡。

3. 定期儿童生长监测

营养作为体格发育的物质基础，是影响儿童生长发育的重要外在因素。通过定期测量儿童的体重和身长，监测儿童生长发育的动态变化，去除内在的遗传因素，并且去除疾病、运动等外在影响因素的作用下，可以较为客观地反映膳食营养的情况。与绝大多数同性别、同年龄儿童参考生长曲线相一致，或者符合儿童自身的发育曲线，同时在参考均值的上下范围内，说明儿童的营养摄入是足够的。没有原因的生长趋势下降，则反映了喂养不足和饮食失衡。

第 2 节 作息安排与习惯培养

学习单元 1 制定 7～12 个月婴儿的一日作息表

学习目标

- 能制定 7～12 个月婴儿的一日作息表
- 能根据个体差异调整作息表

知识要求

一、合理作息与婴幼儿生长发育的关系

合理作息应从出生开始。应合理安排婴幼儿的饮食、睡眠、大小便、活动、卫生等生活习惯，合理作息与婴幼儿生长发育密切相关。

1. 促进婴幼儿生长发育

婴幼儿的饮食、睡眠、大小便、活动，就像是一根链条上的各个环，环环相连，相互影响。例如，婴幼儿不良的作息习惯，可以造成其睡眠不足，睡眠不足可引起食欲不振、精神状态不佳，运动量下降而直接影响到他的生长发育。所以，合理作息使婴幼儿有充足的睡眠、规律的进食、良好的精神状态和情绪，有利于婴幼儿生长发育。

2. 促进大脑发育

婴幼儿期是大脑发育的关键时期，早期智力发育主要是通过婴幼儿感知和各种大小运动来完成的。良好精神状态和积极的运动，会直接促进婴幼儿智力发育。

3. 促进食欲

应让婴儿养成合理的作息习惯，使婴幼儿有规律地进食、睡眠、活动，使其在相对固定的时间内产生饥饿或饱腹的感觉，形成定时定量进食的习惯，这样不仅有利于婴幼儿增进食欲，而且有利于食物消化吸收。

二、安排婴幼儿作息的注意事项

新生儿出生后，育婴员可以考虑逐渐调整其作息时间。调整的主要目的是为了有利于婴儿的生长发育，同时也要尽量和家庭的作息习惯相结合。婴儿在不同月龄阶段的睡眠、饮食，活动都会有变化，在安排作息时要注意以下事项。

1. 合理的作息和适当调整

首先要掌握婴幼儿不同月龄的饮食、睡眠、大小便、活动的一般规律，合理安排作息。例如，不能在婴幼儿进食后马上进行运动量大的活动，每次进食的间隔时间不能太短，白天睡眠不能过多等。其次，还要根据不同季节调整作息内容，例如，寒冷的冬天和炎热的夏天要适当减少户外活动，增加室内活动，相反，在气温适宜的春秋季节则应该增加户外活动。所以，安排婴幼儿一日作息时既要遵循一般规律原则，又要有适当的灵活调整。

2. 合理的作息和兼顾个体差异

婴幼儿的时间意识，即所谓的“生物钟”隐藏在规律的生活中。婴幼儿的睡眠、进食、活动等除了有共同规律外，每个婴幼儿还会有不同的个体差异。只要婴幼儿精神好，生长发育正常，不用刻意地去比较睡眠时间的长短、进食量的多少。例如，睡眠习惯的个体差异，可以表现为有的婴幼儿喜欢晚睡晚起，有的喜欢早起早睡；有的夜间睡眠特别好，一觉睡上五六个小时，有的则一晚上醒几次。育婴员在帮助婴幼儿养成合理作息习惯的同时，也要兼顾到每个婴幼儿的个性，不能要求每个婴幼儿都有相同的作息规律。

育婴员应重视这些差异，通过观察和记录婴幼儿的睡眠、饮食和活动规律，根据婴幼儿不同个体差异调整作息时间。制定每个婴幼儿独特的生活作息表，使其形成健康的生活习惯。同时也让婴幼儿在相对固定的时间内保持足够的活力和注意力。

3. 合理的作息和固定的仪式

在婴幼儿形成合理的作息规律的过程中，婴儿对时间的认识是和固定的事件、事物联系在一起的。当育婴员每天重复活动时，要使用一些仪式化的语言、动作，让婴幼儿知道现在该干什么。例如，每天清晨都问候婴幼儿："宝贝，早上好"。户外活动时，告诉婴幼儿："宝贝，我们要出去了"。晚上睡觉前与婴幼儿说"宝贝，我们要睡觉了"。可以在上床后给婴幼儿讲个故事。将每天重复进行的活动都冠以小小的"仪式"，让婴幼儿熟悉自己的生活，并乐于配合育婴员的行动。

三、7～12个月婴儿饮食、睡眠、活动的共性和差异

婴儿活动、生长发育虽有一定的规律，但在一定范围内受遗传、营养、教育环境等因素的影响，会产生一些差异。一般规律是婴儿越小，睡眠时间越多而睡眠持续时间越短；婴儿越小，进食量越少而进食次数越多。

1. 睡眠次数和时间

（1）婴儿睡眠的共性

在这一阶段，大部分婴儿每天睡眠时间为 14～15 个小时。白天睡两次，上午 10 点左右和下午 3 点左右，每次睡眠时间一般是一两个小时，睡眠时间长的可以有两三个小时，一般下午会睡得久一些。大部分婴儿夜间能安稳地睡个长觉，在 10～11 个小时。通常在有人陪伴的情况下婴儿睡眠会更安稳些。

（2）婴儿睡眠的差异

在这一阶段，大部分婴儿睡眠时间有了明显的差异。有的婴儿一天只睡 12 个小时，甚至更少，有的一天仍然要睡 15 个小时以上。但只要婴儿精神饱满，吃得正常，生长发育好，这就是正常的。

2. 活动内容和时间

（1）婴儿活动的共性

7～12 个月的婴儿除了睡眠和吃饭外，每天活动明显增加，育婴员可根据季节不

同安排婴儿室内和户外活动，室内活动以主动操、大动作训练和小游戏为主，如坐稳、爬行、扶站、扶走等。户外活动视季节适当调整，一般在春季和秋季每天安排 2～3 个小时的户外活动，可以到公园或绿地玩，让婴儿认识周围的事物，又同时进行了空气浴和阳光浴。寒冷的冬天和炎热的夏天应适当减少户外活动的时间。

(2) 婴儿活动的差异

婴儿活动的差异和生长发育密切相关，在这个阶段的大部分婴儿在大动作上能坐稳、爬行、扶站、扶走和独走几步。在游戏方面会摆弄敲打、拉绳取物、找玩具、绕椅取物、寻找玩具等。但是个体差异也很明显，对于活动能力低于同月龄的婴幼儿育婴员要更加耐心。

3. 喂养次数

(1) 喂养的共性

1) 母乳喂养。每天喂 2～3 次母乳，喂 1～2 次配方奶，3 次辅食。

2) 人工喂养。每天喂 3～4 次配方奶，3 次辅食。

(2) 喂养的差异性

1) 不爱喝奶的婴幼儿，每天 3 次可以与大人一起进餐，喂 1 次点心、两次配方奶。

2) 不爱吃辅食的婴幼儿，每天喂 3～4 次配方奶，两次可以与大人一起少量进餐后加配方奶。

总之，要根据婴儿不同情况适当调整。吃母乳或者配方奶的婴儿通常要一直吃到断奶的时候为止。断奶开始以后，清晨和晚上的两顿奶通常是最后取消的。到了某个阶段，婴儿可能有清楚的迹象表明，可以改为一日三餐了。例如，到了婴幼儿每隔一顿才能好好地进餐时就需要改为一日三餐了，这样就能在每次吃饭的时候都感到饥饿。

技能要求

安排 7～12 个月婴儿一日作息制度

一、操作要求

合理安排 7～12 个月婴儿一日作息制度。

二、操作步骤

1. 调整一日作息表

根据不同季节和婴儿睡眠的个体差异，调整婴儿作息表。

2. 制作一日作息表

体现婴儿7个月与12个月在主餐内容、睡眠时间、室内外活动内容的差异性。7～12个月婴儿一日作息实例见表1—1。

(1) 白天睡眠2～3次，夜间睡眠时间。

(2) 白天喂养主餐3次，哺喂和点心2～3次。

(3) 大动作练习，坐稳、爬行、扶站、扶走，以及精细动作练习。

(4) 室内外活动2～3次。

表1—1　　7～12个月婴儿一日作息安排实例

时间	作息安排
6：30—7：00	喂母乳或配方奶
7：00—7：30	起床、坐便、洗手、洗脸
7：30—8：45	室内外活动、主动操
8：45—9：15	喂母乳或配方奶、吃点心
9：15—11：15	睡眠
11：15—11：45	洗手、进午餐
11：45—13：00	室内外活动、做游戏
13：00—15：00	睡眠
15：00—15：30	起床、坐便、洗手、吃点心
15：30—18：00	室内外活动、做游戏
18：00—18：30	洗手、进晚餐
18：30—20：30	亲子嬉乐、休息
20：30—21：00	坐便、洗手和脸、喂母乳或配方奶
21：00—次晨6：30	安排婴儿入睡、夜眠

学习单元 2 制定 13～18 个月婴幼儿的一日作息表

学习目标

- 能制定 13～18 个月婴幼儿的作息表
- 能根据个体差异调整作息表

知识要求

一、13～18 个月婴幼儿饮食、睡眠、活动的共性和差异

1. 睡眠次数和时间

（1）婴幼儿睡眠的共性

这一阶段大部分婴幼儿每天睡眠时间为 14 个小时左右。白天只睡两觉，上午 10 点左右和下午 3 点左右，每次睡眠时间是 1 个多小时，一般也是下午会睡得久一些。大部分婴幼儿夜间睡眠时间延长，可超过 10 个小时。

（2）婴幼儿睡眠的差异

这一阶段大部分婴幼儿睡眠时间的差异更明显。如果婴幼儿睡眠时间比一般孩子多，大家还不太紧张，但是如果婴幼儿睡眠时间比一般孩子明显减少，育婴员和父母都会着急，担心因睡眠不足影响生长发育。这个阶段有的婴幼儿只睡 12 个小时左右，白天只睡一觉，甚至白天不睡，天一黑就睡，连续睡 12 个小时。有的则一天仍然要睡 15 个小时以上。其实，只要婴幼儿生长发育好，这些就是正常的。

2. 活动内容和时间

（1）婴幼儿活动的共性

随着月龄增长，幼儿睡眠时间逐渐减少，活动时间逐渐增加，育婴员应根据季节不同安排幼儿室内和户外活动。室内外活动可训练走得稳、上下两三级楼梯、练跑等。户外活动视季节适当调整，一般在春季和秋季每天安排 3 个小时左右的户外活动，可以到公园或绿地玩，让婴幼儿认识周围的事物，或和其他小朋友一起玩。每天进行空气浴和阳光浴。

（2）婴幼儿活动的差异

婴幼儿活动的差异和婴幼儿的生长发育及个性相关。在这一阶段的大部分婴幼儿能走得稳、上下两三级楼梯、练跑。在游戏方面会用 2～3 块积木垒高、抓住蜡笔图画、试着自己用小匙进食等。但是个体差异很明显，对于个性好动的婴幼儿可能更喜欢上下楼梯、练跑等活动，个性好静的婴幼儿可能更喜欢蜡笔图画、积木垒高等活动。育婴员要开始根据婴幼儿不同情况安排作息。

3. 喂养次数

（1）喂养的共性

每天喂 3 次主餐，喂 1～2 次配方奶，喂 3 次点心。

（2）喂养的差异性

1）不爱喝奶的。每天 3 次可以与大人一起进餐，两次点心、一次配方奶。

2）不爱吃辅食的。每天喂 3 次配方奶，两次可以与大人一起进餐，一次与大人一起少量进餐后加配方奶。育婴员还是要根据婴幼儿不同情况适当调整。有的在上午中间的小睡之前，可能需要再吃一次母乳或配方奶、水果或者果汁。如果婴幼儿试图放弃上午的小睡，可能就需要早一些吃午饭，这样上午的小睡就改成了下午的小睡了，下午会睡得久一些。大一些的婴幼儿可以和家人一起吃饭。一般每加一次营养粥和营养面时撤掉一次配方奶。

二、婴幼儿一日作息安排

安排 13～18 个月婴幼儿一日作息安排，实例见表 1—2。

表 1—2　　13～18 个月婴幼儿一日作息安排实例

时间	作息安排
6：30—7：00	喂配方奶
7：00—7：30	起床、坐便、洗手和脸
7：30—9：00	室内外活动、主动操
9：00—9：30	喂配方奶、点心
9：30—11：30	睡眠
11：30—12：00	洗手、进午餐
12：00—13：30	室内外活动、做游戏
13：30—15：00	睡眠

续表

时间	作息安排
15：00—15：30	起床、坐便、洗手、午点
15：30—18：00	室内外活动、做游戏
18：00—18：30	洗手、进晚餐
18：30—20：30	做一些轻松的活动、休息
20：30—21：00	喂配方奶
21：00—次晨 6：30	安排婴幼儿入睡、夜眠

技能要求

安排 13～18 个月婴幼儿一日作息制度

一、操作要求

合理安排 13～18 个月婴幼儿一日作息制度。

二、操作步骤

1. 调整一日作息表

根据不同季节和婴幼儿睡眠的个体差异，调整婴幼儿作息表。

2. 制作一日作息表

体现 13 个月与 18 个月婴幼儿在主餐内容、睡眠时间，室内外活动内容的差异性。

(1) 白天睡眠 1～2 次，夜间睡眠时间。

(2) 白天喂养主餐 3 次，点心 2～3 次。

(3) 做大动作训练和游戏 1～2 次。

(4) 进行室内外活动 2～3 次。

学习单元3 制定19～24个月婴幼儿的一日作息表

学习目标

- 能制定19～24个月婴幼儿的一日作息表
- 能根据个体差异调整作息表

知识要求

一、19～24个月婴幼儿饮食、睡眠、活动的共性和差异

1. 睡眠次数和时间

（1）婴幼儿睡眠的共性

这一阶段大部分婴幼儿每天睡眠时间为13个小时左右。白天只睡一觉，下午1点左右一次午睡，午觉睡眠时间为2个小时左右，夜间睡眠时间在11个小时左右。

（2）婴幼儿睡眠的差异

这一阶段婴幼儿睡眠时间的差异更明显。有的幼儿一天要睡14个小时以上，白天还是上午、下午睡两觉。而有的婴幼儿一天只睡11个小时左右，白天只睡一次。对于睡眠较少的婴幼儿，只要每天能睡10个小时以上，精神饱满，吃得正常，生长发育好，这就是正常的。

2. 活动内容和时间

（1）婴幼儿活动的共性

这一阶段婴幼儿除了睡眠和吃饭外，每天活动明显增加，育婴员根据季节不同安排幼儿室内和户外活动。室内活动以练习连续跑、扶栏杆上下楼梯为主。对于喜欢户外活动的婴幼儿，一般在春季和秋季每天安排3个小时以上的户外活动，会骑小电动车的婴幼儿，可以到儿童乐园玩转椅电动等，但要注意在寒冷的冬天保暖和炎热的夏天防止太阳晒伤皮肤。

(2) 婴幼儿活动的差异

这一阶段婴幼儿活动的差异与生长发育和养育环境密切相关，差异也越来越明显。如果个性好动，育婴员又注意婴幼儿运动训练，婴幼儿在室内愿意模仿成人，能拿一些拖鞋、小包、衣服等小东西，户外活动时乐于接触一些以前没有接触过的电动游戏。如果个性好静，育婴员也不加强训练，婴幼儿则可能安静地看电视、听故事，虽然喜欢到户外去，但活动不积极，也不喜欢与其他孩子一起玩。

3. 喂养次数

(1) 喂养的共性

每天喂 3 次主餐，喂 1～2 次配方奶，喂两次点心。

(2) 喂养的差异性

每天喂 3 次少量主餐加配方奶、2～3 次点心。

这一阶段的婴幼儿一般一日三餐，下午和晚上两次点心。每次进餐和点心的具体时间主要取决于其他家庭成员的习惯和婴幼儿的饥饿规律。育婴员应该知道什么时候需要给婴幼儿进餐和点心，以及点心的内容是什么。喂食原则是既不让婴幼儿在餐前过于饥饿，也不要让婴幼儿到该吃饭的时候不想吃饭。

一般说来，婴幼儿需要用 3～4 个小时才能将吃进去的食物消化完，所以餐前不应该给婴幼儿吃奶，否则就会影响孩子对下一顿饭的食欲。当婴幼儿的吃奶次数减少到每天 3 次的时候，每天吃奶的总量可能会少，需要增加主餐量。

二、19～24 个月婴幼儿一日作息安排

19～24 个月婴幼儿一日作息实例见表 1—3。

表 1—3　　19～24 个月婴幼儿一日作息安排实例

时间	作息安排
8：00—8：30	起床、坐便、洗手和脸
8：30—9：00	早餐加配方奶
9：00—11：30	室内看图片、指认物品、谈话、玩玩具
11：30—12：00	洗手、进午餐
12：00—13：00	室外活动、做游戏
13：00—15：00	睡眠
15：00—15：30	起床、坐盆、洗手、午点

续表

时间	作息安排
15：30—18：00	室内外活动、做游戏
18：00—18：30	洗手、进晚餐
18：30—20：30	轻松的活动、休息
20：30—21：00	配方奶或加点心、坐便、盥洗
21：00—次晨 8：00	安排婴幼儿入睡、夜眠

技能要求

安排 19～24 个月婴幼儿一日作息制度

一、操作要求

合理安排 19～24 个月婴幼儿一日作息制度。

二、操作步骤

1. 调整一日作息表

根据不同季节和婴幼儿睡眠的个体差异，调整婴幼儿作息表。

2. 制作一日作息表

体现 19 个月与 24 个月婴幼儿在主餐内容、睡眠时间、室内外活动内容的差异性。

(1) 白天睡眠 1 次，夜间睡眠时间。

(2) 白天喂养主餐 3 次，点心两次。

(3) 进行室内活动、游戏 2～3 次。

(4) 进行户外活动两次。

学习单元 4 制定 25～36 个月婴幼儿的一日作息表

学习目标

- 能制定 25～36 个月婴幼儿的一日作息表
- 能逐渐调整作息表，为上幼儿园作准备

知识要求

一、25～36 个月婴幼儿饮食、睡眠、活动的共性和差异

1. 睡眠次数和时间

(1) 婴幼儿睡眠的共性

这一阶段大部分婴幼儿每天睡眠时间为 12 个小时左右。白天睡一觉，下午 1 点左右一次午睡，午觉睡眠时间为 2 个小时左右，夜间睡眠时间在 10 个小时左右。

(2) 婴幼儿睡眠的差异

这一阶段婴幼儿睡眠时间的差异更明显。有的一天要睡 13 个小时以上，有的婴幼儿只睡 11 个小时左右。有的早上睡到 9 点钟，下午睡一觉，吃完晚餐一会儿就想睡觉，晚上 9 点多就睡着了；有的早上睡到 7 点钟，白天只睡一次，晚上精神很好，很晚才睡。另外，婴幼儿有早睡早起的，也有晚睡晚起的。这与家庭其他成员的生活习惯和育婴员的引导密切相关。睡得多少是婴幼儿的个性差异，只是在这个月龄段，婴幼儿要准备进幼儿园了，育婴员要逐渐调整婴幼儿的作息时间，以利于配合进入幼儿园后的作息制度。

2. 活动内容和时间

(1) 婴幼儿活动的共性

这一阶段婴幼儿活动的自主性增大，每天精力充沛，活动时间和活动量进一步增加，育婴员可以根据婴幼儿的兴趣安排室内、户外活动和简单的生活小事，婴幼儿会学习模仿成人自己吃饭、穿鞋、扣纽扣等动作，喜欢看电视中的儿童节目，喜欢户外活动，会骑小电动车，甚至会帮助成人拿小东西、推购物车。在公园儿童乐园对大型的电动转椅等感兴趣，也乐于接触一些以前没有接触过的电动游戏。

(2) 婴幼儿活动的差异

这一阶段婴幼儿活动差异与生长发育和养育环境密切相关，如果家长鼓励婴幼儿动手，育婴员又注意婴幼儿运动训练，婴幼儿会学习模仿成人自己吃饭、穿鞋、扣纽扣等动作。但是动手能力滞后的婴幼儿，这些简单的生活小事都是由照料者替代完成的。在户外活动时，个体差异也越来越明显，有的婴幼儿虽然喜欢到户外去，但是在公园儿童乐园里，当大型的电动转椅一转动就害怕得大哭大叫，而有的婴幼儿在大型的电动转椅一转动时开心得又叫又笑。

3. 喂养次数

(1) 喂养的共性

每天 3 次主餐，配方奶 1～2 次，1～2 次点心。

这个阶段的婴幼儿一日三餐的时间基本与成人相同，可以与家人在餐桌上一起进餐了，一般在下午和晚上临睡前加两次点心。育婴员应该帮助婴幼儿定时进餐和吃点心，1～2 次的配方奶一般安排在早晨起床和晚上临睡前。随着婴幼儿长大，先停早晨一次配方奶，晚上临睡前的配方奶一般会维持到最后停。

(2) 喂养的差异性

1) 主餐吃得多的婴幼儿，每天 3 次主餐，1 次点心，1 次配方奶。

2) 主餐吃得少的婴幼儿，每天 3 次主餐，2～3 次点心，1～2 次配方奶。

二、25～36 个月婴幼儿一日作息安排

25～36 个月婴幼儿一日作息实例见表 1—4。

表 1—4　　25～36 个月婴幼儿一日作息安排实例

时间	作息安排
7：30—8：00	起床、坐便、洗手和脸
8：00—8：30	早餐加配方奶
8：30—11：30	室内活动，如看图片、指认物品、谈话、玩玩具等
11：30—12：00	洗手、进午餐
12：00—13：00	室外活动、做游戏

续表

时间	作息安排
13：00—14：30	睡眠
14：30—15：00	起床、清洁整理、坐便、洗手
15：00—15：30	午点
15：30—18：00	室内外活动、做游戏
18：00—18：30	洗手、进晚餐
18：30—20：15	轻松的活动、休息
20：15—21：00	配方奶或加点心、坐便、盥洗
21：00—次晨7：30	安排婴幼儿入睡、夜眠

技能要求

安排25～36个月婴幼儿一日作息制度

一、操作要求

合理安排25～36个月婴幼儿一日作息制度。

二、操作步骤

1. 调整一日作息表

根据不同季节和婴幼儿睡眠的个体差异，调整婴幼儿作息表。

2. 制作一日作息表

体现25个月与36个月婴幼儿在主餐内容、睡眠时间、室内外活动内容的差异性。

（1）白天睡眠1次，夜间睡眠时间。

（2）白天喂养主餐3次，点心两次。

（3）进行室内活动、游戏2～3次。

（4）进行户外活动两次。

学习单元5 进行婴幼儿生活环境安全检查

学习目标

- 能营造婴幼儿安全的生活环境
- 能防止婴幼儿坠床、烫伤

知识要求

一、婴幼儿生活环境的重要性

意外伤害严重危害婴幼儿的健康和生命。近几十年来，由于儿童保健工作的开展，计划性预防接种疫苗，传染病及感染性疾病的死亡率明显下降，而意外伤害成为儿童死亡的首要原因。因为婴幼儿无法识别和抵抗生活中危险因素，一旦发生意外伤害，后果极其严重。常见的婴幼儿意外伤害是外伤、烫伤和窒息。意外伤害死亡以窒息为主，主要是护理不当或疏于照料引起。婴幼儿的意外事故是应当避免的，关键是育婴员要能够发现婴幼儿生活环境中常见的不安全因素，使他们的活动在育婴员的视觉范围中。

二、婴幼儿生活环境中常见的不安全因素

1. 活动场所的安全

(1) 不安全因素

1) 活动场地。婴幼儿活动场地不平整、有杂物，地板打蜡、潮湿等容易导致跌倒外伤。电源插座位置低且无安全措施易导致触电意外事件发生。

2) 床和门窗。婴幼儿床无护栏或护栏低于婴幼儿的胸部会造成坠床。婴幼儿床周围放有杂物，如小毛巾、衣服、尿布、塑料袋，这些杂物飘落堵住婴幼儿口鼻或婴幼儿蒙被睡都会造成窒息。门窗口没有安全门档和栅栏，窗户没有插销、没有插牢或插

销损坏都可能发生严重的意外伤害。

3）厨房和卫生间。厨房和卫生间存在很多对婴幼儿的危险因素，如热水龙头、肥皂粉、洗洁剂、煤气灶、明火、热水、热锅等。

4）其他。家中豢养的宠物猫狗会抓伤婴幼儿。婴幼儿撞到带尖角的家具易导致外伤。婴幼儿乘坐无安全装备的轿车或突发交通情况会使婴幼儿受到外伤。

（2）防护措施

1）活动场地。婴幼儿活动场地应平整，无杂物，草坪应干燥，木地板以铺地毯或环保地垫为宜，不让婴幼儿在打蜡地板上活动。电源插座要装上安全插座保护盖。

2）床和门窗。门口要装有安全门档和门栏，窗口要有栅栏，窗户关着或打开时应立即插牢插销。婴幼儿床护栏应高于婴幼儿的胸部。婴幼儿床周围应清理干净，不放杂物，不蒙被睡觉。

3）厨房和卫生间。成人离开厨房和卫生间时注意随手关门，不让婴幼儿单独留在厨房和卫生间内。

4）其他。有婴幼儿的家庭最好不要养宠物，更不能让婴幼儿与宠物独处一室。所有家具最好是圆角的，尖角的家具应套上塑料防护角，如图 1—1 所示。抽屉装上儿童安全抽屉锁，带婴幼儿外出乘坐轿车时，应让婴幼儿坐在汽车安全椅上，以防万一。

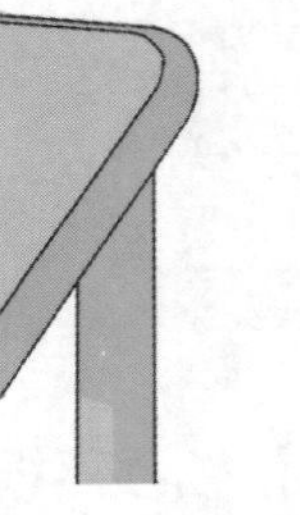
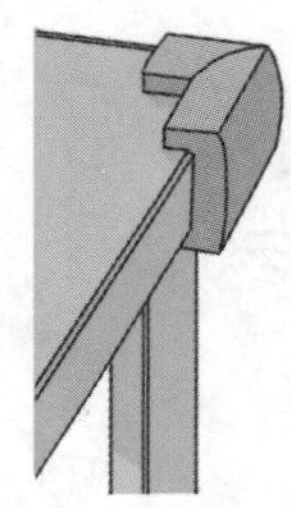

图 1—1　家具尖角处的防护

2. 照料过程中的安全

（1）不安全因素

1）食品及喂养。过期的奶粉、变质食品、未经煮透煮熟的食物和外买的不洁熟食都将引起小儿腹泻。整粒的瓜子、花生、豆子、糯米粉制作的黏性食物；面条太长、喂食时速度过快会使婴幼儿来不及吞咽，将食物吸入气管；喂水喂食太烫，喂食带刺、带骨、带核的食物会烫伤或刺伤婴幼儿的食管；含食物不咽下，在婴幼儿嬉笑哭闹时强行喂食都会造成婴幼儿窒息。

2）照料过程。母婴同睡一床、躺着哺乳会造成婴幼儿呛奶、窒息；婴幼儿盥洗时水温过高会造成烫伤；饮水器、热烫锅、粥锅放在婴幼儿易接触到的位置（见图 1—2）或取暖器没有护栏均会烫伤婴幼儿；刀、剪、扣子、别针等生活用品随意放置在婴幼儿可以拿到的地方会刺伤或割伤婴幼儿；婴幼儿外出包裹过于严实也会造成窒息，甚至给婴幼儿穿衣使用扎手带，因结扎过紧也会导致肢体坏死。

（2）防护措施

1）食品及喂养。婴幼儿的食品必须新鲜，要烧熟煮透，不给婴幼儿吃过期食品和外买不洁熟食。婴幼儿不应吃糯食及整粒果仁、果冻，面条必须切短煮烂。婴幼儿所吃食物应仔细去刺、去骨、去核。给婴幼儿喂奶及一切热的食物都必须先试温后喂哺。

婴幼儿应单独睡小床，母亲坐着哺乳，每次给婴幼儿喂哺后必须轻拍背部排出空气，婴幼儿头朝一侧睡。从小培养婴幼儿良好饮食习惯，喂食结束时，检查婴幼儿口腔内没残留食物才可以离开成人。喂食时要耐心，让婴幼儿吃一口，咽一口，再喂下一口。

2）照料过程。为婴幼儿盥洗备水应先放冷水后放热水，并用手腕内侧试温；饮水器、热水瓶、热烫锅、粥锅等不安全生活用品应放在小儿接触不到的地方，如图 1—2 所示；取暖器要用护栏；刀、剪、扣子、别针等不随意放置；婴幼儿外出不要包裹得太紧；给婴幼儿穿衣不建议使用扎手带，以防发生意外事故。

● 图 1—2　禁止将热烫水杯等放在婴幼儿能接触到的位置

技能要求

检查婴幼儿生活环境安全

一、操作条件

1. 环境准备

婴幼儿活动的场所、卧室、门、窗。

2. 用物准备

婴儿床、家具、饮水器、热烫锅、粥锅、取暖器、刀、剪、婴幼儿模型等。

二、操作步骤

1. 检查活动场所

（1）活动场所安全要素包括地板、门、窗、家具角的安全要素。

(2) 指出活动场所中不安全的现象。

1) 婴幼儿活动场地不平整、有杂物，有带尖角的家具，如图 1—3 所示。

2) 地板打蜡或有积水，表面太滑。

3) 婴幼儿床护栏低于婴幼儿的胸部，门口没门档和护栏，窗口没有栅栏。

图 1—3　不安全活动场所

2. 检查生活环境

(1) 生活环境安全要素。包括床、窗、饮水器、取暖器、电扇、刀、剪、电源插座等安全要素。

(2) 指出生活环境不安全的现象。

1) 饮水器、热烫锅、电扇放在婴幼儿接触到的位置；取暖器没有护栏。

2) 电源插座位置低并且无保护盖。

3) 刀剪、别针等生活用品随意放置。

3. 检查生活照料

(1) 指出生活照料中安全要素。包括哺乳、喂食、饲养的小狗小猫、扎手带、包裹、婴幼儿出行。

(2) 指出生活照料中不安全的现象。

1) 在婴幼儿嬉笑哭闹时强行喂食。

2) 母婴同睡一床并躺着哺乳。

3) 将小狗小猫与婴幼儿单独在一起。

4) 婴幼儿单独留在厨房和卫生间。

5) 给婴幼儿包裹太紧、太厚，穿衣使用扎手带，结扎过紧。

6) 婴幼儿坐车时没有用安全座椅。

三、注意事项

1. 婴幼儿无危险意识，他们的活动要在育婴员的视觉范围中。
2. 育婴员要能够及时发现婴幼儿生活环境中常见的不安全因素，做好预防工作。
3. 带婴幼儿户外活动时，千万不能离开婴幼儿。

学习单元 6 为婴幼儿做好餐前准备、餐后整理

学习目标

- 能合理安排婴幼儿进食
- 能为婴幼儿做好餐前准备
- 能为婴幼儿做好餐后整理

知识要求

一、养成婴幼儿良好饮食习惯的重要性

1. 进食要定时、定位、专心

（1）定时、定位

定时进食可以形成饥饱分明的条件反射规律，进食前有饥饿感，婴幼儿的食欲就比较好。婴幼儿进食时应有自己专用的餐具和固定的位置，在婴幼儿不能坐稳时可以坐在育婴员的大腿上喂食，当 7 个月后婴幼儿能够坐稳了，可以选择婴幼儿专用餐桌椅，2 岁以上的婴幼儿可以有自己的小餐椅，并且让其在进餐前自己洗手，摆碗筷、凳子，这样也可以形成条件反射，容易进入就餐状态。

（2）专心

专心进食有助于食物的细嚼慢咽，有助于食物的营养吸收，也有助于进餐时间的

控制，养成良好的饮食习惯。但是，进食时玩耍的问题在婴幼儿 1 周岁之前就已经存在了，出现这个问题的原因多因为婴幼儿对食物的兴趣减弱，更关注于各种新鲜的活动，如到处爬、玩弄小匙、抓弄食物、把杯子弄翻以及往地上扔东西等。这些状况大都是在吃得大半饱的时候发生的，或者是在完全吃饱了以后才玩耍的，而不是在其真正饥饿的时候。因此，无论什么时候，只要婴幼儿对食物失去兴趣就应该认为婴幼儿已经吃饱了，把婴幼儿从椅子上抱下来，并且把吃的东西拿走。每次进餐的时间一般控制在 20～30 分钟。另外，进食时要有一个相对独立的环境以减少干扰，避免婴幼儿转移注意力，如边看电视边吃饭，边玩玩具边吃饭等。

2. 不偏食、不挑食，吃一口，咽一口

(1) 不偏食、不挑食

婴幼儿处于快速生长期，需要的能量和营养素多。摄入食物种类越多，得到的营养越全面。婴幼儿偏食、挑食会引起营养缺乏性疾病，如佝偻病、缺铁性贫血等。对于偏食、挑食的婴幼儿可以用以下的方法：

1) 增进食欲。偏食挑食是婴幼儿食欲不佳的表现之一，餐前的一段时间让婴幼儿不吃零食，尽量保证让婴幼儿有足够的时间进行户外运动，适当的运动量会增进婴幼儿的食欲。为婴幼儿预先准备一份色、香、味俱全的诱人食物，通过婴幼儿视、听、嗅、味的感觉信息，使婴幼儿增加对食物的认识和兴趣，增进婴幼儿的食欲。为婴幼儿准备喜欢的餐具，也可以增加孩子对吃饭的兴趣和好感。

2) 减少关注。常常看到婴幼儿在成长的某一阶段对某些食品表现出偏好或者厌恶，这是一个正常现象，度过一阶段后这种状况会有所改变，但是如果育婴员在婴幼儿进餐时太关注这种现象，则会强化婴幼儿的偏食行为。

3) 育婴员态度一致。对偏食的婴幼儿育婴员态度应一致，尽量不去哄骗，不许诺、不威胁。进餐前可以用诱导法，育婴员表现出对食品的兴趣，并装着很好吃的样子，大口大口地吃，以诱导婴幼儿对该食品的兴趣。同时当婴幼儿尝试吃以前不喜欢的食品时给其肯定和鼓励。

4) 采用“饥饿疗法”。在偏食、挑食的婴幼儿不想吃的时候，应等婴幼儿饿了再吃，不必担心对其有什么影响，婴幼儿身体内部对食物的需要会自动调节。在饥饿状况下进餐会减少偏食、挑食。

5) 父母不要在婴幼儿面前议论某种食物不好吃，以免造成婴幼儿对食物的偏见，几乎所有的婴幼儿都会认为爸爸妈妈认为不好吃的东西一定不好吃。

(2) 吃一口，咽一口

有的婴幼儿嘴里塞满了食物不咽下去，如果育婴员看到碗里的饭菜吃完了就离开，这样当满嘴食物的婴幼儿进行其他活动时很容易引发窒息。所以，给婴幼儿喂食时必须耐心慢喂，让婴幼儿吃一口，咽一口，再喂下一口，养成良好的习惯，以免发生意

外。

二、训练婴幼儿使用餐具的要点

1. 从婴幼儿进食辅食开始，就应该使用小匙喂泥状食品，不可以把奶嘴剪大喂婴幼儿吃泥状食品。

2. 鼓励婴幼儿从 7 个月开始，自己从盘子里手抓食物进食，以便婴幼儿能够感受到自己吃饭是怎么回事，为以后用匙吃饭打下基础。

3. 训练婴幼儿用拇指和食指拿东西，给婴幼儿做一些能够用手拿着吃的东西。

4. 1 岁左右的孩子甚至可以让其“玩”食物，如蔬菜、土豆等。

5. 放手让 12～15 个月的婴幼儿自己尝试用匙进餐。

6. 要求 1 岁半～2 岁的婴幼儿熟练用匙进食。

7. 2 岁的婴幼儿应该已经能自己进餐了，应训练其自己拿着杯子喝水。

技能要求

辅助婴幼儿做餐前准备、餐后整理

一、操作准备

1. 个人与环境准备

操作者洗净双手，准备相对独立的环境。

2. 用物准备

自来水、肥皂、小毛巾、婴幼儿模型、婴幼儿专用餐桌椅、婴幼儿专用小餐桌椅、餐具（饭碗、菜盆、匙筷)、围兜。

二、操作步骤

操作步骤包括洗净双手，餐桌椅、餐具的选择安排，餐前操作，餐后整理。

1. 洗手

育婴员帮助婴幼儿洗手或指导婴幼儿自己洗手。

2. 餐桌椅、 餐具的选择安排

(1) 根据婴幼儿的月龄选择餐桌。

1) 7 个月之前的婴儿抱在育婴员身上，育婴员应坐稳便于喂食。

2) 7 个月到 2 岁的婴幼儿使用专用餐桌椅，把婴幼儿放入餐桌椅内并固定。

3) 2 岁以后的婴幼儿应使用专用小餐桌椅，搬好位置并安排坐下。

(2) 根据婴幼儿的月龄选择餐具（一套饭碗、菜盆、匙、筷）。

3. 餐前操作

(1) 围上围兜。

(2) 分食，盛适量的饭菜。

4. 餐后整理

(1) 如果有少量的饭菜未吃完可以帮助或鼓励婴幼儿吃完。

(2) 餐后先给婴幼儿取下围兜，擦干净其双手和嘴角。

(3) 把婴幼儿抱出专用小餐桌椅或移开椅子，婴幼儿离开餐桌。

(4) 收拾餐具，擦干净餐桌，椅子归位。

(5) 清扫地面。最后清洗餐具。

三、注意事项

1. 注意进餐过程的安全，餐前准备时饭菜温度适宜，避免烫伤婴幼儿。
2. 每次不给婴幼儿过多的饭菜，待婴幼儿吃完再添。

学习单元 7 辅助婴幼儿进餐

学习目标

- 掌握婴幼儿不同月龄的生理行为特点
- 能训练婴幼儿自己吃饭
- 能让婴幼儿愉快进食

知识要求

一、婴幼儿不同月龄饮食习惯的变化

1. 新生儿到 6 个月

这一阶段的婴儿以母乳和配方奶为主食，每天需配方奶 900 mL 左右。出生 4 个月之内无论是母乳喂养还是人工喂养，婴儿都以吮吸流质为主。4 个月之后，可以开始添加少量米粉、蛋黄、鱼泥，实现饮食习惯从完全吮吸流质到开始学习用匙吃泥状食物的转变。

2. 7～12 个月

这个阶段的婴幼儿配方奶量逐渐减少，每天需 600～700 mL，辅食逐渐增加，每天添加粮食、鸡蛋、禽、鱼、肉、蔬菜、水果、豆制品等，除了用匙吃蛋黄泥、鱼泥、蔬菜泥、水果泥状外，粥、烂面的量逐渐增加，10 个月时候可以吃固体食物。首先每日喂一次，然后按照婴幼儿自己的发展需要，逐步实现每日三餐。

3. 13～36 个月

这个阶段的婴幼儿主食是固体的谷类食物，配方奶量逐渐减到 400～500 mL。每日 1～2 份新鲜水果。采用每日三餐三点的饮食模式。13～24 个月的婴幼儿正餐可以是高质量菜粥、烂面或软饭加菜肴；24～36 个月的婴幼儿正餐可以是软饭加菜肴。3 次正餐的时间按照家庭的作息规律适当调整，鸡蛋、禽、鱼、肉、蔬菜、豆制品成为主要的菜肴，但饭菜要煮烂切碎。

二、训练婴幼儿咀嚼、 使用小匙

1. 训练婴幼儿自己手抓食物咀嚼

婴幼儿从七八个月的时候起，就可以自己拿着面包片和其他手抓食物试着往嘴里送，这实际上就是为使用匙吃饭作准备。宝宝学“吃饭”实质上也是一种兴趣的培养，如果没有机会自己拿着东西吃，往往很晚才学会使用匙吃饭。习惯上给孩子的第一种手抓食物是干面包片或饼干，慢慢地唾液就会将食物泡湿，一些部分被摩擦或者溶解到嘴里，婴儿感到有所收获，也为以后吃固体食物作准备。大约到了 9 个月后，婴儿会自己吃块状食物时，就想自己用手抓起来往嘴里放，并把块状食物咀嚼后吞咽下去。但应注意有的婴儿会把所有的东西一下子塞到嘴里，育婴员一次只能给一块，同时，在婴儿学习手抓食物送进嘴巴的过程中，应该在育婴员的照看下进行，以防止发生意外。

2. 训练 1 周岁的婴幼儿自己拿着匙练习吃饭

婴幼儿自己使用餐具，有利于培养婴幼儿的动手能力，促进手指的灵活运动，以锻炼手、眼、口的协调能力，促进神经肌肉的发育。10 个月后的婴幼儿开始对餐具表现出浓厚的兴趣，总想自己动手，喜欢摆弄餐具，这正是训练婴幼儿自己进餐的好时机。多数婴幼儿到了 1 周岁左右的时候都试图自己拿着匙吃饭，在开始的时候特别愿意去抓给其喂饭者的匙，这阶段的婴幼儿对使用匙感兴趣，如果这时候育婴员给其一个匙，让其有实践的机会，一般到了 15 个月的时候婴幼儿就能自己独立地吃饭了。而另一些婴幼儿由于受到育婴员的过分保护，到了 2 岁的时候还一点儿都不会自己吃饭。

所以，多大的时候婴幼儿能够自己吃饭，在很大程度上取决于育婴员的态度，取决于什么时候给婴幼儿实践的机会。育婴员可以这样做：

(1) 只要将婴幼儿的小手洗干净，育婴员就可以让婴幼儿用手抓食物来吃，这样有利于婴幼儿形成良好的进食习惯。

(2) 鼓励婴幼儿多次尝试，即使饭菜洒到了地上，这时也不应该过分批评，更不能因此而制止他。

(3) 食物做成方便食用状，或将食物切成适合婴幼儿的块状，可以让婴幼儿自己使用匙进餐。

(4) 育婴员要有耐心，当婴幼儿还无法灵活地使用汤匙，可以在旁边耐心地看孩子自己进餐，不要急于帮助。

(5) 每次食物量不要太多，婴幼儿容易吃完，会增加孩吃饭的成就感。但是，婴幼儿开始拿匙吃饭的只是感兴趣和学习，不能喂饱自己，所以通常的做法是给婴幼儿一个匙让其学习并适时地鼓励、赞扬。育婴员同时拿一个匙喂婴幼儿，这样既喂饱了婴幼儿又让其有了学习的机会。

三、为婴幼儿营造良好的进餐环境

1. 在开饭前 10 分钟提醒孩子："再过十分钟就开饭了"，或是告诉他："卡通片演完就要吃饭了"，以这样的方式让婴幼儿有时间准备。

2. 从开始学吃饭就固定好婴幼儿的就餐座位，将吃饭和就餐座位联系在一起。

3. 最好让婴幼儿坐在安静不受干扰的地方，以免吃饭时分散注意力。

4. 就餐气氛要轻松愉悦，当婴幼儿进食表现好时应及时给予表扬、鼓励。当婴幼儿不配合时不硬塞，不恐吓，以免造成小儿厌食、拒食。

5. 良好的感官刺激。给婴幼儿所做的食物应注意营养搭配，尽量注意食物的色彩，以引起婴幼儿的食欲和心理满足，唤起对食物的兴趣。

技能要求

辅助婴幼儿就餐

一、操作准备

1. 个人与环境准备

育婴员洗净双手，准备相对独立的环境。

2. 用物准备

婴幼儿模型、餐桌椅、餐具（碗、匙、筷两套）、手抓食物、烂饭、荤素菜各一份。

二、操作步骤

1. 选择手抓食物，如面包片、饼干、萝卜条等。

2. 训练婴幼儿手抓食物进食

（1）训练月龄。可以从婴儿 7 个月开始，也可以当婴儿对手抓食物感兴趣的时候开始。

（2）训练方法

1）育婴员给婴幼儿一块合适的手抓食物。

2）育婴员也拿着同样的手抓食物，张大嘴巴，放进嘴里，示范给婴幼儿看。

3）育婴员边讲边演示，让婴幼儿模仿。

（3）注意事项

1）应将块状食物一块一块地给婴幼儿。

2）在婴幼儿学习手抓食物送进嘴巴的过程中，允许婴幼儿多次尝试，应在育婴员的照看下进行，防止发生意外。

3. 训练婴幼儿使用小匙吃饭

（1）训练月龄。从婴幼儿 12 个月开始，或当婴幼儿对使用小匙感兴趣的时候开始。

（2）训练方法

1）食物的加工。选择小块食物，便于婴幼儿使用小匙。

2）育婴员拿一套餐具，给婴幼儿喂饭。另一套餐具给婴幼儿，内放适量食物。

3）育婴员张大嘴巴，把小匙放进嘴里，示范给婴幼儿看。

4）边喂边训练婴幼儿怎样拿勺子、怎样往嘴里送饭、怎样咀嚼，一步一步地完成进餐的整个过程。

5）让婴幼儿形成一套进餐的规范动作和程序。

（3）鼓励婴幼儿。在学习过程中育婴员应及时鼓励婴幼儿，让婴幼儿积极地使用小匙吃饭。

三、注意事项

1. 婴幼儿在开始使用小匙的时候，会浪费一些食物或者多数食物都沾到了的手上、脸上、地上，甚至家具上，育婴员要有耐心。

2. 适时地鼓励、赞扬婴幼儿使用小匙。

3. 婴幼儿开始使用小匙的时候是学习兴趣，虽然不能喂饱自己，育婴员也要逐渐放手让其自己吃饭。

学习单元 8 训练婴幼儿按时入睡

学习目标

- 能培养婴幼儿养成良好的睡眠习惯
- 能让婴幼儿按时入睡
- 能处理睡眠过程中的常见问题

知识要求

一、婴幼儿睡眠的功能

睡眠是一种生理行为过程。在睡眠状态下人对外界刺激缺乏感觉和反应，处于相对静止状态，但可被唤醒。睡眠的功能主要有以下几点。

1. 休息

睡眠可以为婴幼儿储备充足的能量，在睡眠时各器官组织减少代谢活动，重新储存能量和物质，以便继续生命活动。睡眠后机体精力和体力都得以恢复。

2. 促进生长发育

睡眠时生长激素到达分泌高峰，促进了机体生长发育。

3. 促进大脑发育

新生儿大脑发育不完善，充足的睡眠能够促进婴幼儿大脑的发育。

二、婴幼儿睡眠习惯养成的要点

1. 有节奏、有规律地安排婴幼儿睡眠程序，避免一切不良和妨碍睡眠的因素，如光线和声音的刺激、精神过度兴奋、夜间多次进食等。

2. 养成和保持早睡早起的习惯，按时入睡，醒即起床，合理安排日间小睡，保证睡眠充足，高质量睡眠。

3. 注意晚间不打扰婴幼儿睡眠，在其安睡时不进食，不换尿布，不唤醒抱起，任其按生理规律熟睡。

三、睡眠过程中的常见问题和处理

1. 入睡困难

成年人可以很快从醒着的状态进入深眠，婴幼儿却不行。婴幼儿在进入深眠状态前要先经过浅眠阶段。婴幼儿睡觉时，眼皮慢慢往下垂，在照料者的怀里开始打瞌睡。当婴幼儿的眼睛完全闭起来了，但眼皮还在翻动，呼吸仍然不规则，手脚还是弯着的，此时婴幼儿可能会突然惊起、抽动，或露出一丝微笑，有时还会出现一阵阵的吸吮动作。这时，育婴员把这个“睡着的”婴幼儿放在床上，婴幼儿就醒了。这是因为婴幼儿本来就没有完全睡着，仍在浅眠状态，入睡困难是婴幼儿常见的生理现象。

育婴员可以抱着婴幼儿轻轻摇摇，一般6个月之前的婴儿应横着抱，6个月之后的婴儿喜欢竖着抱，可以抱着婴幼儿喂奶，散步让他入睡。当看到婴儿脸部的活动和身体的抽动都停止了，呼吸变得比较有规律，肌肉也完全放松，之前握着的拳头松开了，手脚也有气无力地悬着了，这时婴儿就睡着了。有些婴儿需要被照顾着睡着，大一点的婴儿不太需要经过浅眠阶段，很快就能进入深眠阶段。育婴员要学会辨识婴儿的深、浅睡眠阶段。

对于婴儿，晚上睡眠时还可以用薄毯裹得紧一点，让婴幼儿把包紧的感觉与睡眠联想在一起。对于稍大的婴幼儿，育婴员可以讲一些优美的故事帮助婴幼儿认识夜晚，减轻恐惧焦虑，帮助婴幼儿轻松入睡。

2. 害怕分离

大部分婴幼儿都是害怕分离的，在6个月之内，很多婴儿在哺乳中或在育婴员的怀抱中进入睡眠，在睡眠过程中父母或者育婴员也不会离开，一旦婴儿醒来就可随时受到照料，再加上婴儿还不太懂，所以害怕分离的情绪不会很突出。但是当婴儿逐渐长大，尤其是母乳喂养的婴儿在断乳期会特别黏着母亲，害怕分离，育婴员要有耐心，在母亲不在的时候替代母亲在生理上和情绪上照料好婴儿，特别是在天色暗下来，婴儿临睡时，可能因为怕黑更显得害怕分离而哭闹，育婴员可以抱起婴儿，轻拍婴儿的身体，或者轻轻唱摇篮曲等方法安抚婴儿。

对于稍大的婴幼儿，育婴员可以选择毛茸茸的玩偶陪伴婴幼儿入睡，使婴幼儿习惯把那种毛茸茸的温暖的感觉和被抱着的感觉联想在一起，减轻分离焦虑。

3. 夜醒、 夜哭

婴幼儿夜间会经常觉醒，这主要由于婴幼儿的睡眠周期与成人不同，婴幼儿的

1个睡眠周期只有1～2个小时，一晚可有好几个周期，所以每个周期之间都会醒一下，哭几声也是正常的。只要不把婴幼儿彻底弄醒，也就会很快再次入睡。一般三四个月之后，婴儿的深睡眠时间会逐渐拉长，浅睡眠时间会逐渐缩短，晚上醒来的时间及次数也会逐渐减少。

如果婴幼儿夜间哭吵，育婴员只需轻轻地拍拍其身体，婴幼儿就可再次进入梦乡，很快转入下一个睡眠周期。如果正好是哺乳时间，只要轻轻地把婴幼儿抱起来喂哺，婴幼儿吃饱后就可很快入睡。

4. 睡时蹬被子

当婴儿到了7个月后，晚上熟睡后常常会蹬被子，这可能是因为白天比较兴奋，入睡后仍处于兴奋状态，手足乱动把盖在身上的被子蹬掉，也可能是睡觉时盖得过多、裹得太紧、身体过热而蹬被子。育婴员可以选择轻软而保暖性好的棉质被子并根据季节更换被子的厚薄。睡前让婴幼儿安静下来，不要太兴奋；秋冬季节让婴幼儿睡在睡袋里；同时注意室内空气流通。

技能要求

训练婴幼儿按时入睡

一、操作准备

1. 个人与环境准备

准备相对独立的环境，空气流通，光线稍暗。

2. 用物准备

婴儿床、床上用品、婴幼儿模型、睡袋、薄毯、婴幼儿玩偶。

二、操作步骤

1. 入睡困难的处理

辨识婴幼儿的深、浅睡眠阶段，掌握帮助入睡的方法。

2. 陪伴入睡

怀抱婴幼儿，哼摇篮曲。

3. 抱着玩偶入睡

选择2～3个合适的玩偶，让婴幼儿抱着玩偶入睡。

4. 给婴幼儿穿上睡袋或用薄毯把婴幼儿包起来

（1）脱下婴幼儿外衣，穿上睡袋。

（2）脱下婴幼儿外衣，包裹薄毯。

学习单元 9 训练婴幼儿使用便器、专心排便

学习目标

■ 能教会婴幼儿使用便器
■ 能训练婴幼儿专心排便

知识要求

一、婴幼儿控制大小便的生理基础和特点

1. 控制大小便的生理基础

（1）脑与大脑皮层的发育

婴儿出生到一周岁脑重量占成人脑重量的 75%，神经细胞迅速生长，在 1 岁时达到最高峰，其数量相当于成人水平，大脑皮层发育逐渐完善。

（2）神经纤维髓鞘化

婴儿出生后，首先髓鞘化的神经纤维是在感觉通道部分。大部分髓鞘化在出生后 1~2 年内完成。髓鞘化是脑细胞成熟的重要标志之一，它的发展与脑功能和心理发展密切联系。现在的研究认为，训练婴幼儿控制大小便的控制，没有绝对的时间规律，只有婴幼儿具备下述条件，训练才有效。一是肛门和膀胱具有了控制能力，二是对排便有了自己的意识，三是能够听懂成人的口语提示。

2. 控制大小便的特点

（1）2 岁以后的婴幼儿

很多婴幼儿要到 2 岁以后才能有清楚的语言表达能力，并乐于接受大小便训练。一般在 2 岁左右可以在入睡后 2~3 个小时被唤醒进行坐盆排尿 1 次。男婴可在 2 岁以后帮助站立排尿。

(2) 3 岁的婴幼儿

婴幼儿在 3 岁到 3 岁半基本具备了大小便自理的条件，能自己表示便意。要训练婴幼儿自己脱下裤子，坐盆大小便，自己擦屁股，穿裤子。育婴员应鼓励婴幼儿做这些事，如果没有擦干净或裤子没有穿好，可由育婴员帮助，逐渐培养婴幼儿的独立性和生活自理的能力。

二、婴幼儿大小便习惯养成的要点

1. 训练方法

(1) 运用婴幼儿喜欢模仿的特点，由育婴员给婴幼儿做出示范动作。

(2) 根据气候的变化和以往经验把握婴幼儿大小便间隔的时间，提前几分钟及时提醒。

(3) 使用合适的便盆，并将便盆放在固定位置。

1) 坐式坐便器。靠背使婴幼儿可以稳定地坐下，抽取式便盒便于清洁。需要便后及时清洁，注意保暖。

2) 跨越式坐便器。跨越式坐便器便于婴幼儿自己把握，也避免了婴幼儿站起来走掉的情况。需要注意这种方式要求婴幼儿脱下裤子，在冬天没有暖气的地区使用既不方便，也容易着凉。

3) 坐厕圈。坐厕圈即垫在成人的坐厕圈上面供婴幼儿使用的圈垫。

(4) 引导婴幼儿逐步学习的方法。如训练婴幼儿会向成人表示便意，自己脱裤子，使用卫生纸，洗手等。只要有点滴进步，就要给予鼓励和表扬。

(5) 不要对婴幼儿反复、频繁地提出大小便的要求。反复、频繁地提出大小便的要求，会干扰婴幼儿的活动和情绪，容易造成婴幼儿紧张、焦躁不安或逆反心理反应，效果适得其反。

(6) 适度延长尿布的使用时间。一般在学习使用便盆时，让婴幼儿同时使用尿布等。在婴幼儿适应便盆过程中，育婴员掌握规律后，逐步从白天不用尿布到晚上也不用尿布。

2. 解读婴幼儿的肢体语言

(1) 想要大小便的婴幼儿会缩到安静的地方，停止玩耍，蹲坐。

(2) 正在大小便中的婴幼儿会抓住尿布，发出“咕哝”声，双脚交叉。

以上迹象（见图 1—4）都告诉育婴员，婴幼儿成熟到可以感觉到大小便的身体的变化了。

3. 用语言交流

所有顺利学会的新技能，都需要身体和心理适时地合作。婴幼儿在 18 个月到 24

● 图 1—4 想要大小便的婴幼儿

个月期间，已经具有语言能力，可以与成人沟通。此时期的婴幼儿喜欢模仿取悦别人，追求独立，能自己决定蹲坐便器或到厕所大小便。

技能要求

训练婴幼儿使用便器、专心排便

一、操作准备

1. 个人与环境准备

准备相对独立的空间，合适的便盆，把便盆放在固定位置。

2. 用物准备

卫生纸，坐式坐便器要安全稳固，能抽取式便盒应便于清洁。

二、操作步骤

1. 教婴幼儿表达

确定婴幼儿已经准备好了，教会婴幼儿能够明确地表达要大小便，可训练婴幼儿自己脱裤子蹲便盆或上厕所，教婴幼儿如何才能不弄脏裤子，并提醒婴幼儿在中午和晚上上床睡觉时知道先去厕所。

2. 选择便器

（1）坐式坐便器。使婴幼儿平稳地坐在坐式坐便器上。

（2）跨越式坐便器。让婴幼儿平稳地坐在跨越式坐便器上。

（3）坐厕圈。把坐厕圈垫在成人的坐厕让婴幼儿平稳坐便。

3. 解读婴幼儿肢体语言和表情

解读想大小便时、正在大小便时婴幼儿的肢体语言。

4. 训练坐便要点

应训练婴幼儿表达大小便的要求，能理解育婴员动作的口令，能模仿成人，自己脱裤子蹲盆或上厕所。8～9 个月以后的婴儿能坐稳后逐步培养坐便（开始可以扶背坐盆），要鼓励和表扬婴幼儿不要训斥，要专心，不要嬉戏，不要同时进食，要控制好时间，一般不超过 5 分钟。2 岁的婴幼儿乐于接受大小便训练，3 岁左右的婴幼儿要训练坐便后自己穿裤子。

5. 便后整理工作

便器内排泄物要及时倒掉，清洁消毒备用。婴幼儿便器应专人专用。

三、注意事项

2 岁以后的男孩要注意培养站立小便的习惯。

第2章　保健与护理

疾病对婴幼儿来说，轻则影响健康，重则危及生命，有些疾病还会带有后遗症，给婴幼儿身心留下不良影响，因此及早发现问题、及时救治非常重要。

本章的生长监测部分，主要通过掌握婴幼儿身高、体重、头围、胸围和囟门的测量技能，了解婴幼儿体格发育的基本知识；日常护理主要针对婴幼儿常见的发热、便秘的护理，也对常见的皮肤问题进行预防和护理，还有对新生儿脐部进行护理；意外伤害的预防与处理提供育婴员日常生活中发现安全隐患的线索，并且介绍了婴幼儿发生意外后进行紧急心肺复苏、气管异物、宠物咬伤处理的方法。

由于在日常生活中，育婴员是和0~3岁婴幼儿朝夕相处、接触最密切的成人，因此育婴员要善于运用所学知识加强预防保健，同时也要在工作中敏于观察、善于积累，及时发现婴幼儿发展中的各种异常情况，及时就诊，维护他们健康成长。

第1节 生长监测

学习单元1 测量婴幼儿体重

学习目标

- 了解婴幼儿年龄分期及各期的特点
- 熟悉测量婴幼儿体重的意义
- 掌握婴幼儿体重增长的规律
- 能应用公式计算婴幼儿体重
- 能为婴幼儿测量体重

知识要求

一、概述

1. 年龄分期及各期的特点

(1) 胎儿期

从精卵细胞结合至小儿出生前称胎儿期，约40周。妊娠前8周为胚胎期，是受精卵细胞不断分裂长大，各系统组织器官迅速分化发育的时期。此期是小儿生长发育的重要阶段，其特点是胎儿完全依赖母体生存，孕妇的健康、营养、情绪、环境及疾病等对胎儿的生长发育影响极大。此期应做好孕妇的保健及胎儿的保健，包括孕妇营养、孕妇感染性疾病的防治，高危妊娠的监测及早期处理，胎儿生长的监测及遗传性疾病的筛查等。

(2) 新生儿期

自胎儿娩出、脐带结扎时起至出生后满28天，称新生儿期。此期小儿刚脱离母

体，开始独立生活，适应外界环境的能力较差，易出现各种疾病，如体温低于正常、窒息、出血、溶血、感染等。新生儿发病率高，病死率也高，故此期应加强保暖、合理喂养、预防感染等。

胎龄满28周至出生后1周，又称围生期。此期是胎儿经历分娩，生命遭受最大危险的时期，死亡率最高。应加强围生期保健，重视优生优育。

(3) 婴儿期

出生后至满1周岁之前为婴儿期，又称乳儿期，其中包括新生儿期。此期婴儿的生长发育最快，需要较高的能量及各类营养素，以适应生长发育的需要，但此时婴儿的消化、吸收功能尚不完善，易发生消化功能紊乱及营养缺乏症。此外，婴儿从母体获得的免疫抗体逐渐耗尽，而自身免疫功能尚未成熟，故在6个月后易患各种疾病。

此期应提倡母乳喂养，按时添加辅食，按计划免疫程序做好预防接种，培养良好的生活习惯及心理卫生。

(4) 幼儿期

1周岁后到满3周岁前为幼儿期。此期幼儿会独立行走，活动范围增大，与外界接触日益增多，智能迅速发育，语言、思维、动作、心理及应人应物能力发展较快。婴幼儿乳牙出齐、断乳后饮食由乳类转换为混合膳食，并逐步向成人饮食过渡。婴幼儿识别危险因素、保护自己的能力尚差，易发生中毒和外伤等意外伤害，又因与外界接触增多，易患各种传染病（如水痘、流行性腮腺炎等）。

此期应加强教育，培养良好的生活习惯。根据婴幼儿心理发育特点，培养与人沟通的能力和诚实、勇敢、认真的良好个性。饮食调配须适应婴幼儿消化、吸收能力，培养良好的饮食习惯，以及用勺、杯、碗进食的能力，防止营养不良及消化紊乱。同时，应加强安全护理，注意消毒隔离，预防发生疾病。

2. 测量体重的意义

体重是身体器官、系统、体液的总重量。体重是衡量婴幼儿体格生长、反映营养状况的重要指标，也是决定临床补液量和给药量的重要依据。

3. 婴幼儿体重增长的规律

婴幼儿年龄越小，体重增长越快。一般出生时体重约为3 kg，3个月时约为6 kg（出生体重的2倍），1周岁时约为9 kg（出生体重的3倍），2岁时约为12 kg（出生体重的4倍）。2岁后至青春前期体重每年稳步增长约2 kg。

二、婴幼儿正常体重的评估

1. 生理性体重下降

新生儿出生数日内，由于摄入少、水分丢失多及胎粪排出等原因，可出现体重下降，但一般不超过3%，生后10日左右恢复到出生时体重。若超过10%则为病理性应

去医院检查。

2. 婴幼儿体重的计算

1～6 个月：体重＝出生时体重（kg）＋月龄×0.7（kg）

7～12 个月：体重＝6＋月龄×0.25（kg）

1 岁至青春前期：体重＝年龄×2＋8（kg）

3. 体重增长的偏离

婴幼儿体格生长过程中，由于受到营养、疾病、遗传、内分泌及神经心理等因素影响，可出现体重增长偏离，婴幼儿身高体重标准具有区域性差异，但一般包括：（1）体重过重：体重超出同龄正常儿童体重平均数加 2 个标准差（或第 97 百分位以上）者，如肥胖症；（2）低体重：体重低于同龄正常儿童体重平均数减 2 个标准差（或第 3 百分位以下）者，如营养不良等。对出现体重增长偏离的婴幼儿应加强护理观察，并适时给予健康指导。

技能要求

婴幼儿体重测量

一、操作准备

1. 环境与个人准备

保持室温 27～28℃，湿度 55%～65%。做好个人准备，如头发束起，修剪指甲，去除首饰、手表，并洗手等。

2. 用物准备

清洁布、逗引玩具、秤、婴儿模型、婴儿尿布（备用）、笔和记录本。

二、操作步骤

1. 安抚情绪

用玩具逗引婴幼儿，使其保持情绪愉快。

2. 测量

（1）把清洁布铺在婴幼儿磅秤的秤盘上，调节指针到零点。

（2）脱去婴儿衣服及尿布，（婴幼儿可穿单衣裤），将其轻放于秤盘上。

（3）天气寒冷时，或体温偏低及病重婴儿，可先称出婴儿衣服、尿布、毛毯的重量，然后给婴儿穿衣、包好毛毯再测量，所测体重减去衣物重量即得婴儿体重。

3. 读数

观察重量，准确读数至 10 g（即保留两位小数点）。

4. 整理

给婴幼儿穿好衣裤，整理用物。

5. 洗手、 记录

记录日期、测量值。

三、注意事项

婴幼儿体重的读数应保留至 0.01 kg。称量婴幼儿体重时应调节室内环境温度至 27～28℃。操作中注意安全，避免小儿着凉。

学习单元 2 测量婴幼儿身长（身高）

学习目标

- 了解测量婴幼儿身长的意义
- 掌握婴幼儿身长增长的规律
- 能应用公式计算婴幼儿身长
- 能为婴幼儿测量身长

知识要求

一、概述

1. 测量身长的意义

身长是指头顶到足底的全身长度，是反映骨骼发育的重要指标。

2. 婴幼儿身长增长的规律

正常新生儿出生时平均身长为 50 cm，1 周岁时约 75 cm，2 周岁时约 85 cm。2 岁以后身长（高）稳步增长，平均每年增长 5～7 cm。婴幼儿第 1 年约增长 25 cm，第 2 年约增长 10 cm。

二、婴幼儿正常身长的评估

1. 婴幼儿身长的计算

2～12 岁儿童身长＝年龄×7＋70（cm）

2. 身长增长的偏离

（1）高身材

身高高于同年龄、同性别正常婴幼儿的中位数加 2 个标准差或第 97 百分位数以上者，如真性性早熟等。

（2）矮身材

身高低于同年龄、同性别正常婴幼儿的中位数减 2 个标准差或第 3 百分位数以下者，如喂养不当及慢性疾病等所致。

技能要求

婴幼儿身长测量

一、操作准备

1. 环境与个人准备

保持室温 24～26℃，湿度 55%～65%。做好个人准备，如头发束起，修剪指甲，去除首饰、手表，并洗手。

2. 用物准备

身长测量床（见图 2—1）、清洁布（见图 2—2）、逗引玩具、婴幼儿模型、笔和记录本。

二、操作步骤

1. 安抚情绪

用玩具逗引婴幼儿，使其保持情绪愉快。

2. 测量

（1）脱去婴幼儿的帽、鞋、袜。

（2）使婴幼儿平卧于铺有清洁布的测量床的中线上。

（3）取婴幼儿仰卧位，将其头扶正，面部向上，头顶轻贴测量床的顶板。婴幼儿

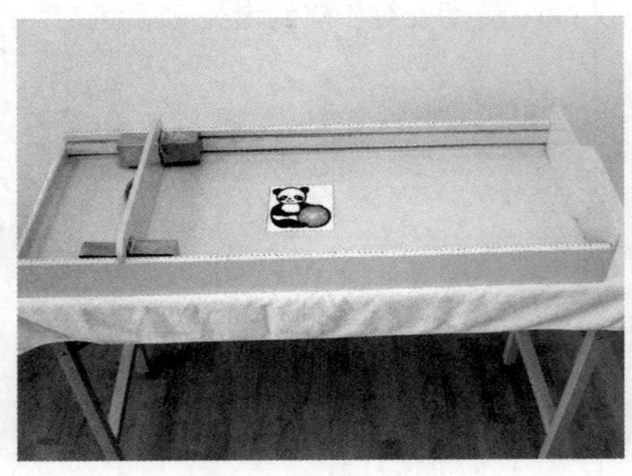
● 图 2—1　测量床

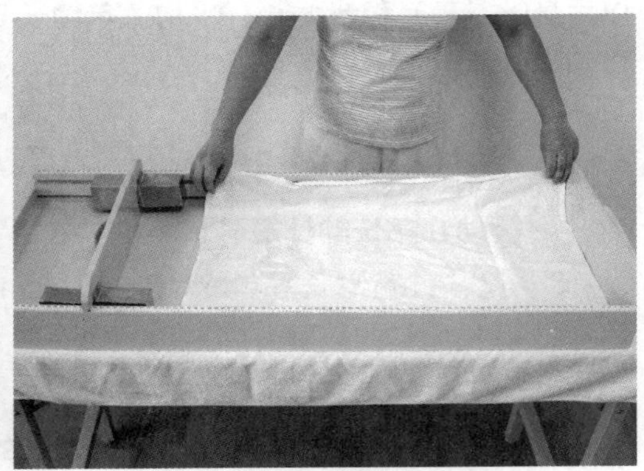
● 图 2—2　铺清洁布

双眼直视正上方，头枕部、肩胛部、臀部及双足跟贴紧测量板。

(4) 育婴员站在婴幼儿右侧，左手抚平婴幼儿双膝使两下肢伸直，右手轻轻推动滑板贴于双足底，如图 2—3 所示。

3. 读数

读数至 0. 1 cm，如图 2—4 所示。

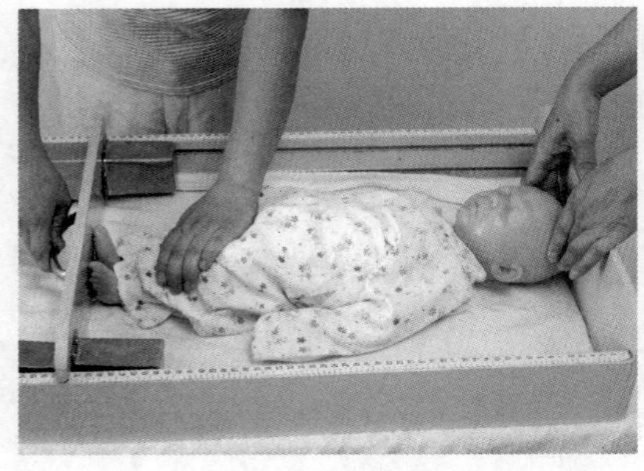
● 图 2—3　测量

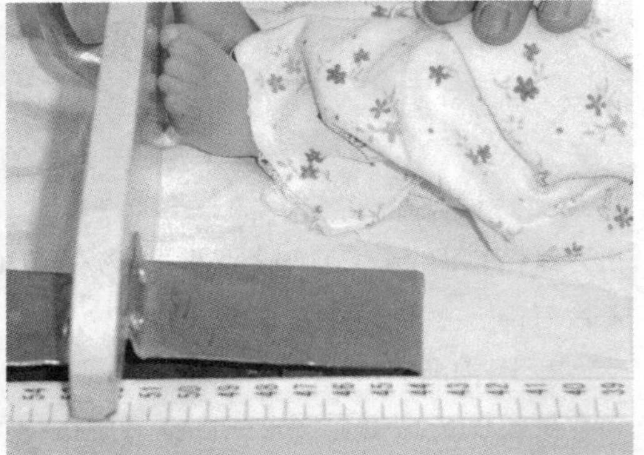
● 图 2—4　读数

4. 整理

给婴幼儿穿好帽、袜、鞋。整理用物。

5. 洗手、记录（见图 2—5）

记录日期、测量值。

三、注意事项

1. 由于婴幼儿好动，在推动滑板时动作应轻快、稳重。

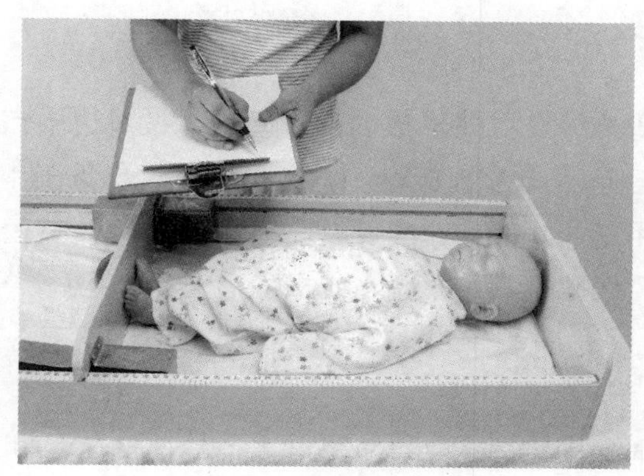

图 2—5 记录

2. 婴幼儿身长是从头顶至足底的长度值，若刻度在测量床双侧，则应注意测量床两侧的读数应一致。

3. 婴幼儿仰卧位时应使其双眼直视正上方，头枕部、肩胛部、臀及双足跟要贴紧测量板。

学习单元 3 测量婴幼儿头围、前囟

学习目标

- 了解测量婴幼儿头围和前囟发育的意义
- 掌握婴幼儿头围增长的规律
- 能为婴幼儿测量头围、前囟

知识要求

一、测量头围的意义

头围指自眉弓上缘经枕后结节绕头 1 周的长度，其大小反映脑、颅骨的发育程度。

二、测量前囟的意义

前囟为顶骨和额骨边缘交界处形成的菱形间隙，按对边中点连线测量距离，出生时约 1.5～2.0 cm，至 1～1.5 岁时闭合。前囟早闭或过小见于小头畸形；迟闭或过大见于佝偻病、先天性甲状腺功能减退症等；前囟饱满提示颅内压增高，是婴幼儿脑膜炎、脑炎的重要体征；凹陷则常见于脱水或极度消瘦的患儿。

三、婴幼儿头围增长的规律

正常新生儿出生时头围约为 34 cm，在第 1 年的前 3 个月和后 9 个月头围均增长 6 cm，故 1 周岁时头围为 46 cm，2 岁时约为 48 cm，5 岁时为 50 cm。

四、头围增长的偏离

婴幼儿头围测量以生后头 2 年最有价值，头围明显过小常提示小头畸形、脑发育不良；头围增长过快可提示脑积水等疾病。

技能要求

【操作技能 1】婴幼儿头围测量

一、操作准备

1. 环境与个人准备

保持室温 22℃，湿度 55%～65%。做好个人准备如头发束起，修剪指甲，去除首饰、手表，并洗手等。

2. 用物准备

软尺、逗引玩具、婴幼儿模型、笔和记录本。

二、操作步骤

1. 安抚情绪

用玩具逗引婴幼儿，使其保持情绪愉快。

2. 测量

育婴员将软尺 0 点固定于头部右侧眉弓上缘，将软尺紧贴头皮绕过枕后结节最高点至左侧眉弓上缘回至 0 点，如图 2—6 所示。

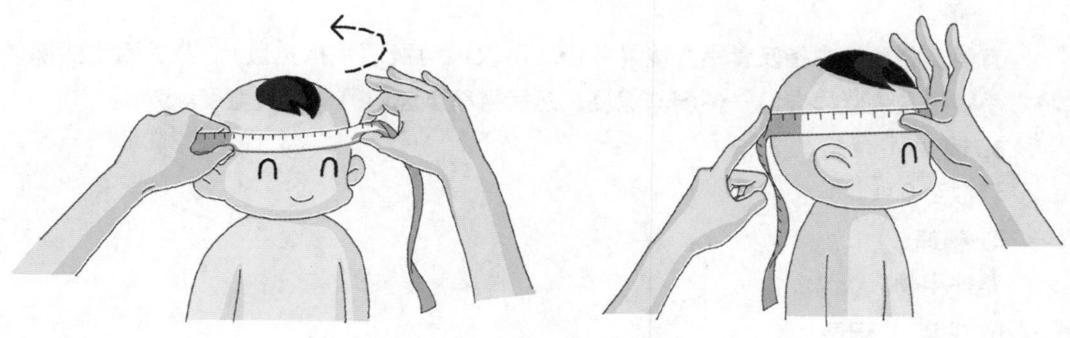

图 2—6 头围测量

3. 读数

读数至 0. 1 cm。

4. 整理

整理用物。

5. 洗手、 记录

记录日期、测量值。

三、注意事项

1. 测量时应避免过长软尺在婴幼儿面部前晃动，可粗略估计婴幼儿头围长度，将多余软尺部分卷曲成团，并握于右手手心，保护脸部安全。

2. 完成测量后应将软尺轻轻移开头部，避免婴幼儿头皮损伤。

【操作技能 2】婴幼儿前囟测量

一、操作准备

1. 环境与个人准备

保持室温 22℃，湿度 55%～65%。做好个人准备如头发束起，修剪指甲，去除首饰、手表，并洗手等。

2. 用物准备

软尺、逗引玩具、婴幼儿模型、笔和记录本。

二、操作步骤

1. 安抚情绪

用玩具逗引婴幼儿，保持情绪愉快。

2. 测量

育婴员将右手中指及食指并拢（并拢后用软尺测量两手指宽度），左手固定头部，将右手食指左侧紧挨囟门一侧测其宽度，然后再移至囟门另侧测其宽度。

3. 读数

读数至 0.1 cm。

4. 整理

整理用物。

5. 洗手、 记录

记录日期、测量值。

三、注意事项

1. 操作时应动作轻快。
2. 囟门测量后数值记录样式应统一，如 1.5 cm×1.5 cm。

学习单元 4 测量婴幼儿胸围

学习目标

- 了解测量婴幼儿胸围的意义
- 掌握婴幼儿胸围增长的规律
- 能为婴幼儿测量胸围

知识要求

一、测量胸围的意义

胸围是平乳头下缘绕胸 1 周的长度，其大小与肺和胸廓的发育相关。

二、婴幼儿胸围增长的规律

正常婴幼儿胸围比头围小 1～2 cm，平均为 32 cm；1 岁左右胸围与头围相等，约为 46 cm；1 岁以后胸围应逐渐超过头围，其差数（cm）约等于其岁数减 1。

三、胸围增长的偏离

婴幼儿胸廓发育落后，与营养因素、缺乏上肢及胸廓锻炼等有关。胸廓畸形见于佝偻病、肺气肿和先天性心脏病等。

技能要求

婴幼儿胸围测量

一、操作准备

1. 环境与个人准备

保持室温 22℃，湿度 55%～65%。做好个人准备如头发束起，修剪指甲，去除首饰、手表，并洗手等。

2. 用物准备

软尺、逗引玩具、婴幼儿模型、笔和记录本。

二、操作步骤

1. 安抚情绪

用玩具逗引婴幼儿，保持情绪愉快。

2. 测量

测量时取卧位。婴幼儿两手自然平放或下垂，测量者将软尺 0 点固定于右侧乳头下缘（乳腺已发育的女孩，固定于胸骨中线第 4 肋间），将软尺紧贴皮肤，经两侧肩胛骨下缘至左侧乳头下缘，回至 0 点，如图 2—7 所示。

3. 读数

取平静呼、吸气时的中间读数。读数至 0. 1 cm。

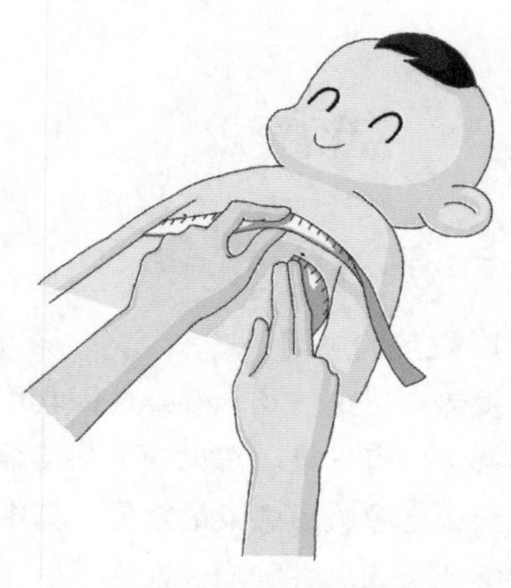

图 2—7　胸围测量

4. 整理

整理用物。

5. 洗手、记录

记录日期、测量值。

三、注意事项

测量时注意保暖。

第2节　常见症状护理

学习单元1　婴幼儿发热护理

学习目标

- 了解婴幼儿发热的症状
- 能进行物理降温（冰袋）的护理

知识要求

一、体温异常的表现

1. 发热的原因

发热有感染性及非感染性因素引起。感染性因素如细菌、病毒、支原体等引起的疾病都可伴有发热。常见的发热疾病有败血症、呼吸道感染、尿路感染、结核等。急性发热以上呼吸道感染最常见，其中多数为病毒性。非感染性因素可见于大量组织破坏或坏死（如恶性肿瘤、大手术后、大面积烧伤等），结缔组织病、变态反应（如某些药物反应等），产热过多或散热过少（如惊厥持续状态、甲状腺功能亢进等），体温调

节失常（颅脑损伤）和中暑等。

2. 发热的过程及症状

（1）体温上升期

表现为畏寒、皮肤苍白、无汗，皮肤温度下降，有的患儿可出现寒战，继之体温开始上升。体温上升的方式有骤升和渐升两种：骤升多见于肺炎球菌性肺炎，渐升多见于伤寒等。

（2）高热持续期

表现为颜面潮红、皮肤灼热、口唇干燥、呼吸和脉搏加快、尿量减少。

（3）退热期

表现为大量出汗和皮肤温度降低。此时，体弱的患儿和心血管疾病患儿易出现血压下降、脉搏细速、四肢厥冷等循环衰竭的症状，应严密观察、及时处理。

二、发热护理

1. 发热的护理观察

定时测量和记录体温，一般每 4 小时 1 次，便于观察患儿热型。高热或超高热及有高热惊厥趋势等情况时需每 1～2 小时测量 1 次。给予退热处置后应观察有无体温骤降、大量出汗、软弱无力等现象，当有虚脱表现时应予保暖、饮用温开水、及时送往医院。应用退热措施后半小时应重复测量体温。此外，还应随时观察有无神志改变、皮疹、呕吐、腹泻、淋巴结肿大等症状出现。

2. 一般护理

发热患儿需卧床休息。室内环境安静、温度适中，通风良好，衣被不可过厚（婴儿不要包裹得太紧）。要保持皮肤清洁，勤擦浴，及时更换内衣和被单。保证充足水分摄入，选择清淡、易消化的流质或半流质饮食。做好口腔护理。

3. 特殊护理

当体温在 38.5℃左右或以上时需给予对症处理。物理降温法有如下几种。

（1）冷湿敷

冷湿敷是将小毛巾放入盛有凉水的盆内，浸湿透后，略拧干（以不滴水为宜），敷在婴幼儿前额、颈部、腋下及腹股沟处，每 10～15 分钟更换 1 次。注意避免冷水将孩子的衣被弄湿和水流入身体其他部位。

（2）枕冰袋

将碎冰块装入冰袋内，去除有尖锐棱角的冰块，再加入少量凉水，驱除空气，盖紧盖子，擦干袋子后装入套中，用毛巾包裹后置于头枕部或颈部两侧。

（3）温水浴

温水浴的水温应比患儿体温低 1℃，盆浴时间应较短，操作要敏捷，适用于温暖和炎热季节，或者室温在22～24℃的任何季节，降温效果好。

(4) 乙醇擦浴

配置30%～50%的乙醇溶液（75%的乙醇80 mL＋温水120 mL即为30%浓度），用小毛巾依次拍拭颈部、上肢内外侧（腋下、肘部、手心及手背等）、下肢前后侧（腹股沟处、股下部、腘窝等），这些区域是大血管通过的部位，降温效果较好。此外，可按医嘱应用药物降温。

三、冰袋的家庭应用

1. 冰袋的原理

当婴幼儿发高热时，使用冰袋进行物理降温，以降低体表的温度，减少脑细胞耗氧量。冰袋放在颈部两侧、大腿根部和双侧腋窝，这些部位下有大血管，便于散热。

2. 冰袋的应用范围

当婴幼儿体温在38.5℃左右或以上时可应用冰袋降温。

技能要求

使用冰袋

一、操作准备

1. 环境与个人准备

保持室温22℃，湿度55%～65%。做好个人准备，如头发束起，修剪指甲，去除首饰、手表，并洗手等。

2. 用物准备

冰袋、冰块、包裹毛巾、小榔头、小碗、小勺、逗引玩具、婴幼儿模型。

二、操作步骤

1. 冰袋的制作

(1) 使用现成冰袋。先仔细阅读说明，了解使用方法，然后按说明要求应用。

(2) 制作冰袋。检查水袋确定无漏水、老化。取出冰块，在小碗内用小榔头敲碎冰块。用小勺将碎冰放入水袋中于2/3处，然后驱除空气，盖紧盖子。用毛巾包裹冰袋。这样做有两个原因：一是避免使用后冷凝水直接流到婴幼儿的身上，造成不适；二是直接放置在皮肤处，会造成局部血管受冷收缩反而影响散热降温。

2. 冰袋应用方法

将冰袋置于头枕部、颈部两侧、两侧腋下或腹股沟等处。

3. 护理观察

冰袋为物理降温的护理措施，冰袋使用后半小时应复测体温 1 次，并及时做好记录。

三、注意事项

应用冰袋时要注意保暖，避免着凉。使用过程中若发生寒战（即皮肤呈鸡皮样）应立即停止，并根据情况及时送医院。

学习单元 2 使用开塞露通便

学习目标

- 掌握便秘的发生原因
- 掌握便秘的症状及护理
- 能用开塞露为婴幼儿通便

知识要求

一、婴幼儿便秘的定义

当大便坚硬、干燥，需要十分用力才能排出，即使多喝水，多进食蔬菜、水果等富含纤维素的食物，如南瓜、土豆、胡萝卜、叶菜类也难以改善，甚至出现肛裂时称之为便秘。

二、婴幼儿便秘的发生原因

便秘发生的原因有：水分饮用不足；饮食中蛋白质含量过高，而食入纤维素类食

物过少；缺乏运动锻炼等。

三、婴幼儿便秘的症状

婴幼儿两天无大便，粪便坚硬、干燥，排便时需十分用力才能排出，甚至发生肛裂及粪便表面有鲜血状。

四、婴幼儿便秘的护理要点

多饮水、多吃富含纤维素类食物、每日有规律地进行运动锻炼等，可预防便秘发生。发生便秘时可通过饮食调整、做腹部按摩等改善便秘症状，同时可在医生指导下，使用开塞露导便。

技能要求

用开塞露通便

一、操作准备

1. 环境与个人准备

保持室温 22～24℃，湿度 55%～65%。做好个人准备，如头发束起，修剪指甲，去除首饰、手表，并洗手等。

2. 用物准备

开塞露、棉棒、石蜡油、逗引玩具、婴幼儿模型、污物桶。

二、操作步骤

1. 体位准备

婴幼儿取俯卧位。

2. 通便

(1) 拧开开塞露盖子。

(2) 用棉棒蘸石蜡油少许，涂于开塞露的外口和颈部，如图 2—8 所示。

(3) 取婴幼儿俯卧位，轻柔地将开塞露插入婴幼儿肛门内，留出装液体的体部，将开塞露内的液体全部挤入肛门内，如图 2—9 所示。

(4) 拔出开塞露，左手捏住肛门口的臀部 5～10 秒钟（使液体不能流出），如图 2—10 所示。

(5) 协助婴幼儿排便，通常能较顺利地排便。

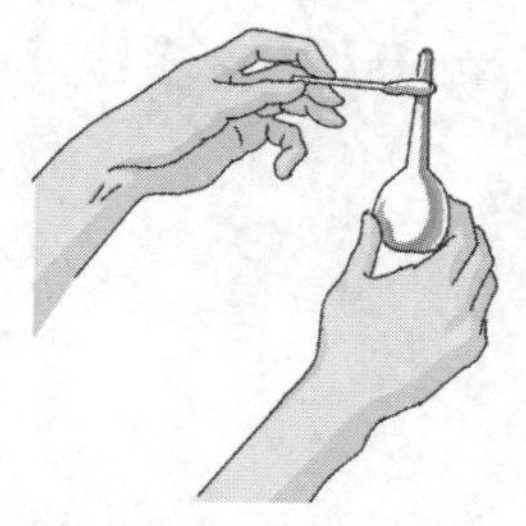

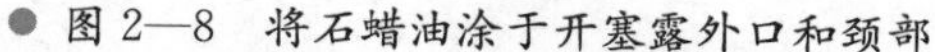

● 图 2—8 将石蜡油涂于开塞露外口和颈部

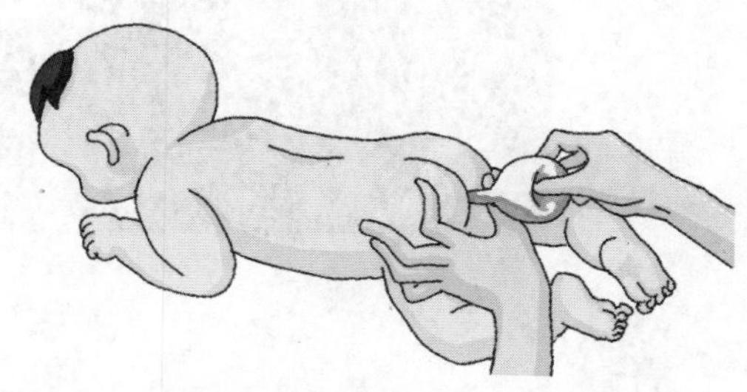

● 图 2—9 将液体挤入肛门

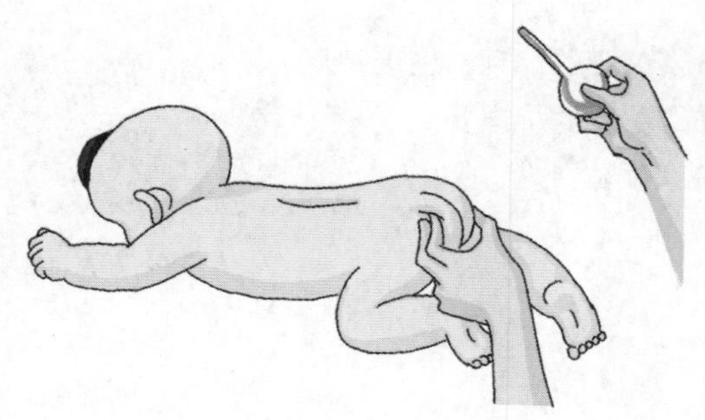

● 图 2—10 捏住肛门口

3. 清洁臀部

便后要擦净婴幼儿肛门，清洁被污染的衣裤。

4. 整理

整理用物。

5. 洗手、 记录

必要时做好记录。记录日期及排便情况。

三、注意事项

1. 操作过程中要注意保暖，避免着凉。
2. 若规范操作后仍无大便，可按医嘱再加量通便 1 次。

学习单元 3 婴幼儿皮肤、黏膜护理

学习目标

- 熟悉婴幼儿皮肤及黏膜的解剖、生理特点
- 掌握婴幼儿皮肤、黏膜的护理要点
- 掌握鹅口疮的护理预防要点

知识要求

一、概述

1. 婴幼儿皮肤的解剖、 生理特点

婴幼儿皮肤角质层比较薄，若有意外伤害易引起破损而发生感染，因此应做好皮肤护理。

2. 婴幼儿口腔黏膜的生理特点

足月新生儿出生时已具有较好的吸吮、吞咽功能，双颊部脂肪垫发育良好有助于吸吮。新生儿及婴幼儿口腔黏膜柔嫩、干燥，血管丰富，易受损伤和局部感染。新生儿唾液腺发育不完善，3～4 个月时唾液分泌逐渐增多，5～6 个月时明显增多，而婴幼儿口腔浅，又不能及时吞咽所分泌的唾液，常出现生理性流涎。3 个月以下婴幼儿唾液中淀粉酶不足，故不宜喂淀粉类食物。

二、婴幼儿皮肤护理要点

1. 新生儿出生后用纱布蘸温水将头皮、耳后面、颈、腋下及其他皮肤皱褶处的血渍和胎脂拭去。24 小时后去除脐带夹，体温稳定后即可沐浴。每日沐浴 1 次，沐浴时室温应提高到 27～28℃，水温保持在 38～40℃，洗净后用柔软毛巾轻轻拭干，并涂抹少许爽身粉。

2. 要勤换尿布，每次大便后用温开水冲洗臀部、拭干，涂护臀霜或消毒植物油，以防尿布皮炎。

3. 新生儿衣服应柔软，棉布缝制，宽松舒适，易穿易脱；尿布清洁、柔软、吸水、透气，以避免皮肤擦伤。

4. 口腔黏膜不宜擦洗，喂乳后宜喂适量温开水，以保持口腔清洁。为预防新生儿从母亲产道获得淋球菌和衣原体等眼部感染。可按医嘱滴眼药。

5. 脐部护理：脐部应保持清洁干燥，若无渗血，不宜任意解开包扎，敷料一旦被尿液污染应及时更换。脐带残端脱落后，脐窝有渗出物，可涂抹75%乙醇保持干燥；有脓性分泌物，先用3%双氧水溶液清洗，然后涂2%碘酊。

6. 加强日常观察，每日应注意观察新生儿的精神、哭声、面色、皮肤、体温、吸乳、大小便及睡眠等情况，如有异常应及时处理。

三、鹅口疮患儿的护理

1. 鹅口疮的发生原因

鹅口疮由白色念珠菌（真菌）引起，多见于营养不良、腹泻、长期应用广谱抗生素或糖皮质激素的患儿。

2. 鹅口疮的症状

（1）轻症患儿颊黏膜、舌、齿龈、上腭等处出现白色乳凝块样小点或小片状物，可逐渐融合成大片，不易擦去，强行拭去可见局部潮红、粗糙、有溢血。患处不痛，不流涎，一般不影响吮乳，全身症状不明显。

（2）重症患儿全部口腔均被白色斑膜覆盖，甚至会蔓延到咽、喉、食管、气管、肺等处，引起真菌性肠炎或真菌性肺炎。可伴低热、拒食、吞咽困难等。

3. 鹅口疮的护理预防要点

（1）母亲哺乳前要做到洗手及清洁乳头。

（2）乳具、食具应专用，做到使用后及时消毒，鹅口疮患儿使用过的乳瓶及乳头，应放于5%碳酸氢钠溶液浸泡30分钟后用清水冲净，然后再煮沸消毒，乳液要现配现用。

（3）给婴幼儿擦嘴的小毛巾也应煮沸消毒、阳光下晒干后使用。

学习单元 4 婴幼儿尿布皮炎护理

学习目标

- 了解尿布皮炎的概念
- 熟悉尿布皮炎的症状
- 掌握尿布皮炎的预防护理措施
- 能完成轻、重度尿布皮炎的护理操作

知识要求

一、概述

1. 尿布皮炎的概念

由于婴幼儿臀部皮肤长期受尿液、粪便以及漂洗不净的湿尿布刺激、摩擦或局部湿热（使用塑料膜、橡皮布）等，引起皮肤潮红、溃破，甚至糜烂及表皮剥脱，称尿布皮炎。

2. 尿布皮炎发生的原因

尿布皮炎可由粪便潮湿污染、细菌及霉菌感染等引起。

3. 尿布皮炎的症状

（1）粪便引起的尿布疹，皮肤像烧坏那样会出现红一整片的现象。

（2）霉菌引起的尿布疹是先有皮肤整片发红的症状，然后再出现稀疏的红点似皮疹样。

（3）细菌引起的尿布疹，皮肤红、破损，有细小的溃疡。

二、尿布皮炎的护理

1. 尿布皮炎的预防要点

平时要勤换尿布，保持臀部皮肤清洁、干燥。每次便后要清洗臀部，然后涂鞣酸

软膏或消毒植物油，以保护皮肤。切忌用塑料布直接包裹婴幼儿臀部，更换尿布时，尿布不宜包裹得过紧。

2. 轻度尿布皮炎的护理

(1) 一般护理法

应及时更换污湿尿布，保持婴幼儿臀部皮肤的清洁、干燥。每次大便后应用温水洗净臀部，并用小毛巾吸干，然后涂鞣酸软膏，以保护皮肤。

(2) 暴露法

在气温或室温条件允许时，可仅垫尿布于臀下，使婴幼儿的臀部暴露于空气或阳光下，每次10～20分钟。

3. 重度尿布皮炎的护理

若婴幼儿患重度尿布皮炎则应立即送婴幼儿去医院就诊，并按医嘱给予相应护理。

技能要求

尿布皮炎的护理

一、操作准备

1. 环境与个人准备

保持室温24～26℃，湿度55%～65%。做好个人准备，如头发束起，修剪指甲，去除首饰、手表，并洗手。

2. 用物准备

婴幼儿模型、棉签、小毛巾、面盆内盛有温水、纸巾、尿布、衣裤、鞣酸软膏、抗生素软膏、抗霉菌软膏、污物桶。

二、操作步骤

1. 安抚情绪

用玩具逗引婴幼儿，保持情绪愉快。

2. 暴露臀部

轻轻掀开婴幼儿下半身被褥，解开污湿尿布，将洁净尿布端垫于臀下，暴露臀部，如图2—11所示。

3. 清洗臀部

怀抱婴幼儿，用小毛巾放入预置温水的面盆内浸湿后，再略挤水于臀部进行清洗，

● 图 2—11　将洁净尿布端垫于臀下

然后用略挤干的小毛巾轻轻吸干臀部水分。

4. 涂药（按不同程度涂药）

将蘸有油类或药膏的棉签贴在皮肤上轻轻滚动，均匀涂药，涂药面积应大于臀红部位。

5. 更换尿布

给婴幼儿更换尿布。

6. 整理

将污湿尿布卷折后放入尿布桶内。拉平衣服，盖好被褥。整理用物。洗手，必要时做好记录。

三、注意事项

1. 臀部皮肤溃烂时禁用肥皂水，清洗时避免用小毛巾直接擦洗。涂抹油类或药膏时，应将棉签贴在皮肤上轻轻滚动，不可上下涂擦，以免加剧疼痛，导致脱皮。

2. 臀部暴露时应注意保暖，避免受凉。

3. 应根据臀部皮肤受损程度选择油类或药膏。

4. 保持臀部清洁干燥，重度臀红的婴幼儿所用尿布应煮沸、用消毒液浸泡或在阳光下暴晒，以消灭细菌。

学习单元 5 新生儿脐部护理

学习目标

- 熟悉新生儿生理特点
- 掌握新生儿特殊的生理状态
- 掌握新生儿预防感染护理要点
- 能完成新生儿脐部渗水的护理操作

知识要求

一、概述

1. 新生儿的概念

新生儿是指从出生到生后 28 天内的婴儿。新生儿分类如下。

(1) 根据胎龄分类

1) 足月儿，指胎龄满 37 周至未满 42 足周者。

2) 早产儿，指胎龄满 26 周至未满 37 周者。

3) 过期产儿，指胎龄满 42 周以上者。

(2) 根据体重分类

1) 低出生体重儿，指初生 1 小时内，体重不足 2 500 g 者，不论是否足月或过期，其中大多数为早产儿和小于胎龄儿；凡体重不足 1 500 g 者又称极低体重儿，不足 1 000 g 者称超低出生体重儿。

2) 正常体重儿，指体重为 2 500～4 000 g 者。

3) 巨大儿，指出生体重超过 4 000 g 者，包括正常者和有疾病者。

(3) 根据体重和胎龄的关系分类

1) 小于胎龄儿，指出生体重在同胎龄平均体重第 10 百分位数以下的婴幼儿，我国将胎龄已足月，但体重在 2 500 g 以下的婴幼儿称足月小样儿，是小于胎龄儿中最常见的一种。

2）适于胎龄儿，指出生体重在同胎龄平均体重第 10～90 百分位数者。

3）大于胎龄儿，指出生体重在同胎龄平均体重第 90 百分位数以上的婴幼儿。

2. 新生儿的生理特点

（1）呼吸

胎儿在胎内呼吸处于抑制状态，出生后才有自主呼吸。新生儿呼吸每分钟约 40～45 次。

（2）心率

新生儿心率每分钟 120～140 次。

（3）泌尿

新生儿肾脏仅能应付正常的代谢负担，出生后不久即能排尿，少数在 24 小时以后排尿，也与喂奶早晚有关。出生 1 周后，婴儿每天排尿可达 20 余次。

（4）血液

新生儿的血红蛋白和红细胞较高。

（5）消化与喂养

新生儿消化道面积相对较大，肌层薄，能适应大量流质食物。足月儿在出生时就有较完善的吞咽功能，但因消化道括约肌不紧闭，故易发生溢奶，也使流质食物很快流入直肠。消化酶分泌少，到 4 个月时才有唾液和胰淀粉酶的分泌。故过早喂淀粉饮食不能消化。胎粪在出生后 12 小时排出，为墨绿色，喂乳后转为含乳块的金黄色；若 24 小时不排胎粪，要警惕是否存在消化道畸形，须送医院检查。

（6）神经系统

新生儿主要反射有觅食反射、吸吮反射、吞咽反射、拥抱反射、瞳孔对光反射、膝反射等。

（7）能量代谢和水、电解质平衡

由于胎儿出生时肝糖原储备少，仅能维持 12 小时，故若无特殊情况，可及早开奶，否则会出现低血糖。新生儿体内水分占体重 65%～75%或更高。

（8）酶系统

新生儿肝内葡萄糖醛酸转移酶活力不足，易发生高胆红素血症。对氯霉素和磺胺药代谢能力低，故忌用此类药物。

（9）免疫

新生儿和最初数月的婴幼儿主要从母体带来的 IgG（免疫球蛋白 G），使对多种传染病有免疫力，一般能维持 4～6 个月；而 IgM（免疫球蛋白 M）相对较低，所以对革兰阴性细菌和霉菌缺乏免疫力，易患感染性疾病。

3. 新生儿特殊生理状态

（1）生理性体重下降

新生儿出生数日内，由于摄入少，水分丢失多，胎粪排出，会出现体重下降的情况，但一般不会超过10%，生后10日左右恢复到出生时体重。

（2）生理性黄疸

新生儿出生后2～3日会出现黄疸，表现为全身皮肤黄染，4～5日达到高峰，7～14日自然消退，早产儿可延迟至3～4周。在此期间，婴幼儿一般情况，如体温、体重、食欲及大小便均正常。

（3）乳腺肿大

乳腺肿大在男、女足月新生儿身上均可发生，多在生后3～5日出现，如蚕豆或鸽蛋大小，是因为孕妇体内的孕酮和催乳素经胎盘至胎儿体内，生后母体雌激素影响中断所致，多于2～3周后消退，无须处理，若强行挤压易致感染。

（4）假月经

部分女婴在生后1周内可见阴道流出少量血液，持续1～3日自止，这是由于是母亲妊娠后期雌激素进入胎儿体内，生后突然中断所致，不必处理。

（5）口腔内改变

新生儿上腭中线两侧及齿龈上常有微凸的淡黄色点状物，分别俗称“上皮珠”和“马牙”。这是正常上皮细胞堆积或黏膜分泌物积聚所致，数周后会自然消退。不可刮擦或挑破，以免感染。

二、新生儿脐部渗水的护理

1. 脐部渗水的发生原因

脐带一般在3～7天内脱落结痂。正常情况下脐窝内皮肤呈皱褶且干燥、清洁。若脐带夹松动，或脐部未干燥前沐浴、尿布潮湿粪便污染等诸多原因，可出现渗出造成感染。

2. 脐部渗水的临床特点

脐部渗水时包裹脐带的纱布会有潮湿现象，甚至可能有异常气味，因而发生炎症。

3. 新生儿脐部渗水的护理要点

在新生儿未脱落前应注意检查包扎，观察脐带的纱布有无渗液、渗血，有无异常气味。有渗出液时易发生感染，须重新结扎或包扎，无渗出者不宜任意解开包扎，以免污染。婴幼儿的尿布被排泄物浸湿后易污染到脐部。因此要及时更换尿布，尿布上端反折，保持脐部清洁。

三、新生儿预防脐部感染的护理

新生儿脐带残端未脱落时，沐浴时要用脐带贴封贴脐部，避免感染。脐带残端脱落后，要注意保持干燥、清洁。每次沐浴后可用75%乙醇涂抹消毒脐部，直至愈合后干燥。

技能要求

新生儿脐部渗水的护理

一、操作准备

1. 环境与个人准备

保持室温22～24℃，湿度55%～65%。做好个人准备，如头发束起，修剪指甲，去除首饰、手表，并洗手。

2. 用物准备

婴幼儿模型、75%乙醇、棉签、无菌纱布、绷带、污物桶。

二、操作步骤

1. 安抚情绪

用玩具逗引婴幼儿，保持情绪愉快。

2. 观察脐部伤口

在保持室内温度的情况下，育婴员清洁双手，打开包扎，观察婴幼儿脐部有无渗水、有无感染，并用鼻子闻有无异味。

3. 乙醇消毒

有渗液者，将婴幼儿的衣服下端反折，暴露脐部，用75%乙醇棉签由里向外涂抹2～3遍，并保持干燥。

4. 整理

整理用物。

5. 洗手， 记录

必要时做好记录。

三、注意事项

要加强观察婴幼儿的脐部是否干燥、清洁。更换尿布时，尿布不要覆盖在脐部；

护理中若发现脐部有脓性分泌物或有渗血，应及时送医院就诊。

第 3 节　意外伤害的预防与处理

学习单元 1　婴幼儿生活环境安全

学习目标

- 了解居家、户外和交通的安全知识
- 熟悉心肺复苏的意义
- 掌握心肺复苏的原则
- 能进行心肺复苏操作

知识要求

一、婴幼儿生活环境（居家安全）的内容

0~3 岁婴幼儿意外伤害常常发生在家庭和家庭附近场所。因此，除育婴员对婴幼儿细心照顾、规范操作外，应及早发现婴幼儿活动场所的安全隐患，及时检查、排除意外事故发生的可能。

1. 室内设施设备的安全检查

（1）门窗安全

门窗不可装弹簧，要能上锁。除大门外，房门可以被打开。各种门可以加装安全门挡。窗户栏杆的间隔应小于 11 cm，窗下不应放家具，以免婴幼儿爬高。并应锁上通往阳台的门。落地窗应选用强化玻璃。

（2）地板和楼梯安全

地板和楼梯要防滑，以免婴幼儿滑倒。浴室地面应用防滑垫，并在浴缸和便器边

装扶手。楼梯栏杆的间隔不能过宽，要小于 11 cm。

(3) 家具和各类生活用品检查

家具应避免尖角和锐边、缺口、木刺等，有尖角的家具套上塑料防护角。将针、刀、刀片、剪刀等尖锐物品上锁。给抽屉等安装防脱落装置，给橱、柜门等装上安全锁扣。

(4) 家用电器检查

经常检查家用电器、电线和插座，插座应安装在成人才能碰触到的位置。电饭锅、热水瓶、电熨斗应放置在婴幼儿拿不到的位置。暖气管、暖气片周围要装护栏隔离。

2. 家用化学品管理

家庭中的化学品主要包括洗涤用品和药品，前者有各类消毒液、洗涤剂、皂粉、杀虫剂等化学制品。若这些物品不妥善管理，有可能被婴幼儿误食，或被打开接触皮肤造成化学灼伤。应做到：(1) 专用药箱妥善放置，严禁在婴幼儿活动场所或卧室中放置药品；(2) 严禁使用饮料瓶灌装杀虫剂、洗涤剂、消毒剂等，以免婴幼儿误食；(3) 严禁使用装有药的瓶子当玩具；(4) 厨房、卫生间的各类消毒液、洗涤剂、皂粉、杀虫剂等化学制品应放入柜中并加锁。

二、婴幼儿生活环境（户外安全）的内容

婴幼儿活动的公共场所，主要包括居住所在地的物业小区、户外活动的公园、动物园、儿童游乐场、购物的商场或超市、就餐的饭店等。带婴幼儿到公共场所时应照顾好婴幼儿，避免意外发生。应做到如下事项。

1. 防止失散

在人多拥挤的场合不要让婴幼儿离开育婴员的视线，人多时应拉住婴幼儿的手，避免走失、挤伤，如图 2—12 所示。

图 2—12 防止失散

2. 阻止婴幼儿在危险场地嬉戏

阻止婴幼儿在有光滑的地面、台阶、玻璃等材料的场地嬉戏。防止滑倒和被玻璃柜台边角的锐边割伤，如图 2—13 所示。

3. 阻止婴幼儿攀爬

阻止婴幼儿攀爬自动扶梯和护栏，以防被撞倒、撞伤，如图 2—14 所示。

4. 安全乘坐运输设备

安全乘坐各类运输设备（如电梯、公共汽车），

避免过多的人集中挤在狭小的空间，如图 2—15 所示。

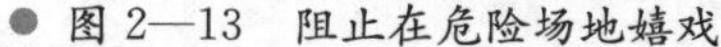

● 图 2—13 阻止在危险场地嬉戏

● 图 2—14 阻止攀爬

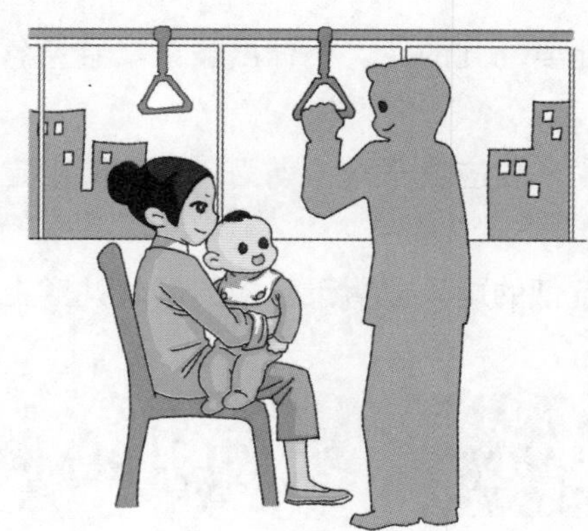

● 图 2—15 安全乘坐运输设备

5. 严禁婴幼儿在水池边逗留

严禁婴幼儿在水池边逗留，以防溺水。教育婴幼儿禁止去危险地带，如泥坑、水井、窑井及粪坑等，如图 2—16 所示。

6. 不要带婴幼儿逗弄动物

不要带婴幼儿在动物园的禁入标志前玩弄动物，如图 2—17 所示。

● 图 2—16 严禁在水池边逗留

● 图 2—17 不要逗弄动物

三、婴幼儿生活环境（交通安全）的内容

1. 遵守交通规则

育婴员应手牵手带领婴幼儿行走于人行道上，若在没有人行道的道路上行走时应靠路边行走。通过路口应走人行横道线，不闯红灯。不应单独让婴幼儿独自在马路逗留。

2. 行车安全

乘坐四轮机动车时，婴幼儿宜在后排座位上，与成人同坐，并用安全带固定，或使用婴幼儿专用的后向式安全座位，以免刹车时撞伤。

3. 乘坐公交车

乘坐公交车时，切勿让婴幼儿的头、手伸出窗口。避免急刹车时突然被撞。

4. 乘坐自行车

骑自行车带婴幼儿时，座位应放于成人前面，并双脚固定。

5. 乘车服装

在黎明、黄昏及能见度低的雨天或雾天，应给婴幼儿穿上带有反光材料的衣物。

学习单元2 婴幼儿心肺复苏

学习目标

- 掌握心肺复苏的重要性
- 能徒手进行心肺复苏操作

知识要求

一、心肺复苏的重要意义

心肺复苏术是对心搏、呼吸骤停的患儿进行抢救的技术，即用人工方法重建呼吸

及循环，尽快地恢复患儿肺部气体交换及全身供血和供氧。

二、心肺复苏急救原则

心、肺复苏应同步进行。现场抢救成功后，应迅速妥善地将患儿转送医院继续抢救。

技能要求

心肺复苏院前急救操作

一、操作准备

电话求救120，并立即进行体位准备。将患儿仰卧于硬板床上，头部稍低。两臂放于身旁两侧。

二、操作步骤

1. 判断、 呼叫患儿

（1）意识判断。轻拍或摇动患儿并大声呼唤，如确无反应，说明患儿已意识丧失。

（2）呼吸判断。育婴员耳朵贴近患儿口鼻部，侧耳细听呼吸声或感觉有无气流从口鼻呼出，同时双眼注视胸部有无起伏，如图2—18所示。

（3）脉搏搏动判断。触摸颈动脉搏动（即颌下与其耳间的连线处中点）。触摸脉搏不少于5～10秒。当摸不到脉搏搏动时，即可确定心脏停搏。必须注意的是，若对尚有心跳的患儿进行胸外心脏按压，反而会导致其心搏停止。一经确认患儿意识丧失、呼吸心跳停止，应立即进行抢救。

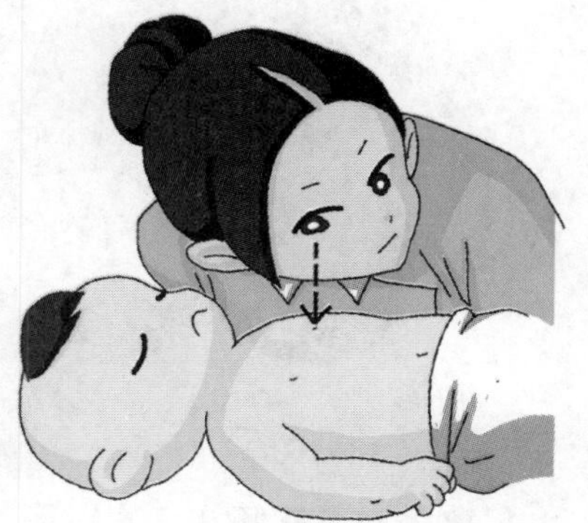

图2—18 呼吸判断

2. 开放气管通道

采用仰头抬颏法，育婴员一手掌按压患儿前额，使头后仰15°，另一手将患儿的口张开，将食指、中指放在下颏骨处抬高下额，伸直颈部，使气道开放，如图2—19所示。对于婴儿不可过度伸直颈部，以免气管受压变形影响通气。

3. 口对口人工呼吸

立即进行口对口呼吸。救助2岁以下的婴幼儿时，应采用口对口、鼻的方法；救

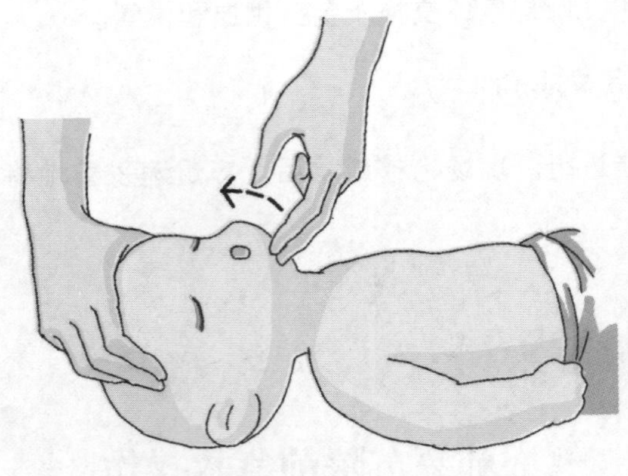

图 2—19　开放气管通道

助 2 岁以上的婴幼儿时，采用口对口的方法。抢救者深吸一口气，用口盖严患儿口腔，捏紧鼻孔，缓慢、有力、匀速地吹气，以患儿胸部稍膨起为宜，随之放松鼻孔，让患儿肺部气体排出，如图 2—20 所示。速度为每 3 秒 1 次，每隔 4 次一组后，应检查婴幼儿是否恢复呼吸。

图 2—20　口对口人工呼吸

4. 胸外心脏按压（2 岁以下、2 岁以上）

心跳、呼吸骤停往往互为因果，所以心脏与呼吸复苏应两者同时进行。最好有两人配合，1 人负责胸外心脏按压，另 1 人负责呼吸，心脏按压 5 次，人工呼吸 1 次。如仅 1 人抢救时，也应尽量按 5∶1 比例交替进行。

(1) 救助 2 岁以下的婴幼儿时，应用一手垫着背部，支撑起婴幼儿的头颈部，用另一手的两个手指按压胸骨下部的位置，每分钟 100 次，压下的深度为 1.5～2.5 cm，1 次呼吸配合 3 次按压，如图 2—21 所示。

(2) 救助 2 岁以上的婴幼儿时，将婴幼儿放于硬板床上，一手掌根部轻压胸骨下

部，如图 2—22 所示，每分钟 100 次，压下的深度为 2.5～3.5 cm，1 次呼吸配合 3 次按压。

按压放松过程中，手指不离开胸壁，按压有效时可摸到大动脉搏动。胸外心脏按压 30 秒后评估心率恢复情况。

5. 观察并与急救中心 120 救护接洽

心肺复苏同时要密切观察患儿呼吸、心脏搏动是否恢复。并同时积极与 120 救护接洽。

● 图 2—21 按压胸骨下部

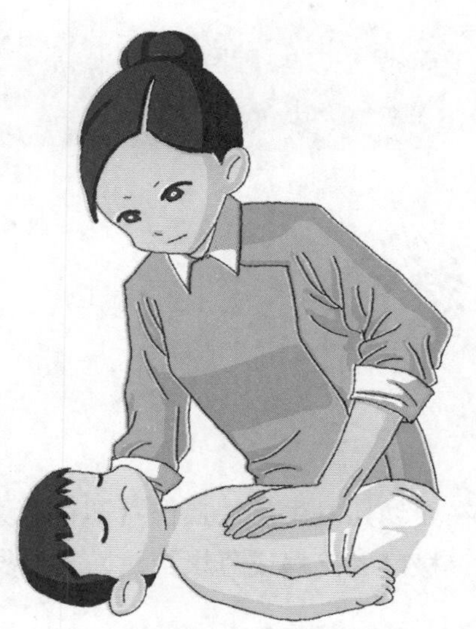

● 图 2—22 掌根部轻压胸骨下部

三、注意事项

1. 呼吸、心跳骤停一经确定，应分秒必争积极抢救，必须在 4 分钟内建立人工循环，因无氧代谢的脑细胞 4 分钟后即死亡。一般常温下心搏、呼吸停止 4～6 分钟大脑即会发生不可逆的损害，即使复苏成功也会留有严重神经系统后遗症。

2. 胸外心脏按压部位要正确，手法应平稳、有规律，用力不可过猛，以免引起肺、肝、胃破裂。

3. 基础生命急救不能因任何理由中断 5 秒钟以上，必须持续进行，直至心跳、呼吸恢复或医生宣告患儿死亡。

学习单元 3　婴幼儿休克的急救

学习目标

- 熟悉休克的原因与症状
- 能对休克进行初步急救

知识要求

一、休克发生原因

在婴幼儿发生急性损伤（即伴有大量的出血、严重的烧伤、反复的呕吐、严重的腹泻、极度的疼痛或恐惧）时，容易发生休克。

二、休克的主要症状

休克的主要症状为皮肤苍白、发冷、皮肤潮湿、呼吸短促、打哈欠、发叹息声、恶心、呕吐，严重时失去知觉。如果怀疑婴幼儿休克，在救助的同时要立刻与急救中心 120 联系。

技能要求

休克初步急救操作

一、操作准备

将婴幼儿平放于垫有毯子的地面。采取头低脚高体位。婴幼儿头部位置较低，头偏向一侧，以便口内的液体流出。若无骨折可把下肢垫高，让血液流向心、脑。

二、操作步骤

1. 保暖

松开婴幼儿衣领、裤带。如果天气较冷，用毯子盖好，避免着凉，不使用热水袋与电热毯。

2. 口对口人工呼吸、 胸外心脏按压

如果婴幼儿失去知觉，心跳与呼吸停止，马上采取口对口人工呼吸急救和胸外心脏按压。具体方法详见心肺复苏术。

3. 观察、 与120救护接洽

在抢救过程中要密切观察婴幼儿的神志、呼吸及心脏搏动是否恢复，积极与120救护接洽。

三、注意事项

在救助过程中不要给婴幼儿喂食，可以喂少许温开水。

学习单元4 婴幼儿气管异物的初步处理

学习目标

- 熟悉婴幼儿咽喉部会厌软骨与气管、食管的解剖特点
- 掌握气管异物的预防要点
- 能完成气管异物发生时的急救处理

知识要求

一、婴幼儿呼吸系统解剖、生理特点

1. 婴幼儿呼吸系统解剖特点

（1）上呼吸道

1）鼻。婴幼儿的鼻及鼻腔相对短小，没有鼻毛，鼻黏膜柔嫩且富于血管，感染时由于鼻黏膜的肿胀，出现鼻塞，发生呼吸困难或张口呼吸。

2）鼻窦。新生儿上颌窦和筛窦极小，2 岁后迅速增大。由于鼻腔黏膜与鼻窦黏膜相连续，且鼻窦口相对较大，故在发生急性鼻炎时易致鼻窦炎，尤以上颌窦和筛窦最易发生感染。

3）咽鼓管。婴幼儿咽鼓管较宽，短而且直，呈水平位，因此婴幼儿患感冒后易并发中耳炎。

4）咽部。婴幼儿咽部相对狭小，腭扁桃体则需到 1 岁末才逐渐长大，4～10 岁时发育达最高峰，14～15 岁时又逐渐退化，因此扁桃体炎常见于年龄较大儿童，婴幼儿少见。咽部富有淋巴组织，咽后壁淋巴组织感染时，可致咽后壁脓肿。

5）喉。婴幼儿喉部呈漏斗形，喉腔相对较窄，软骨柔软，黏膜柔嫩而富于血管及淋巴组织，因此轻微的炎症即可引起喉头狭窄，出现声音嘶哑和呼吸困难，甚至窒息，需紧急处理。

（2）下呼吸道

1）气管、支气管。婴幼儿气管较短，管腔相对狭窄；黏膜柔嫩，血管丰富；软骨缺乏弹力组织，支撑作用薄弱；纤毛运动差，不能有效清除吸入的微生物和有害物质，因此，易发生感染及易导致呼吸道阻塞。由于右侧支气管较粗短，为气管的直接延伸，故异物较易进入右支气管，引起肺不张。

2）肺。婴幼儿肺的弹力纤维发育差，血管丰富，间质发育旺盛，肺泡小而且数量少，造成肺的含血量相对较多而含气量少，故易发生肺部感染。

婴幼儿胸廓呈桶状，呼吸肌发育差，肺不能充分扩张、通气和换气，易因缺氧和二氧化碳潴留而出现青紫。

2. 婴幼儿呼吸系统生理特点

（1）呼吸频率与节律

婴幼儿代谢旺盛，需氧量相对较多，由于其呼吸器官发育不完善，呼吸运动较弱，只有加快呼吸频率来满足生理需要，故婴幼儿呼吸频率较快，年龄越小呼吸频率快得越明显。不同年龄婴幼儿呼吸频率每分钟为：新生儿 40～45 次，1 岁 30～40 次，2～3 岁 25～30 次。婴幼儿呼吸中枢发育不完善，易出现呼吸节律不齐，早产儿、新生儿更为明显。

（2）呼吸类型

婴幼儿呈腹式呼吸，随年龄增长逐渐转化为胸腹式呼吸。

二、气管异物发生的原因与症状

1. 原因

由于 1～2 岁婴幼儿咽喉部的会厌软骨尚未发育成熟，不如成人快捷敏感，因此，当婴幼儿吃一些圆滑或流体的食品时，稍不小心会厌软骨就来不及盖住，使食物滑到气管里，发生气管异物。

2. 症状

发生气管异物时会出现剧烈呛咳、憋气、呕吐、呼吸困难或窒息等症状。

三、气管异物的预防

1. 严禁在喂食时与婴幼儿逗乐。
2. 严禁在婴幼儿哭泣时，为哄其开心，喂食小颗粒状食物。
3. 5 岁以下婴幼儿严禁喂食颗粒状的食物，如花生、豆类、糖豆等。
4. 避免喂食果冻状食物，以免婴幼儿吸入食物时食物堵住气管。

技能要求

气管异物的急救

一、操作步骤

1. 检查口咽部异物

婴幼儿取平卧位。打开嘴唇仔细检查口腔及咽喉部，如在可视范围内发现有异物阻塞气管，可试着将手指伸到该处将阻塞物取出。若处理失败，则可采用拍背法或推腹法进行急救。

2. 拍背法（安置体位、拍背）

育婴员坐于凳子上，两脚呈 90°，左脚往前半步，使双膝呈高低位，如图 2—23 所示。将婴幼儿放于育婴员双腿上，婴幼儿前胸部紧贴育婴员的膝部，头部略低。育婴员以适当力量用掌根拍击婴幼儿两肩胛骨中间的脊椎部位，如图 2—24 所示。一般拍击4～5次异物可被咳出。

● 图2—23　安置体位

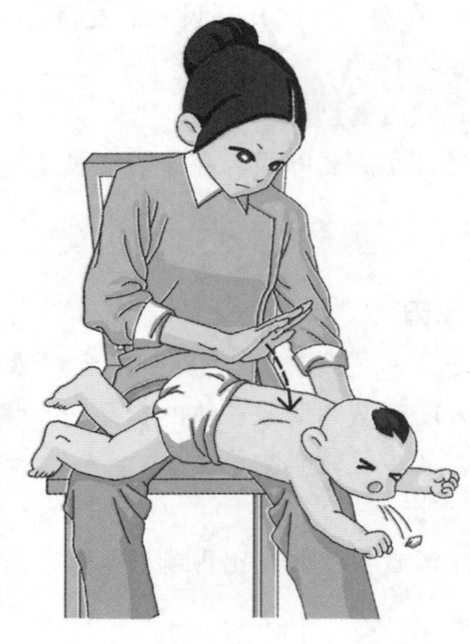

● 图2—24　拍背

3. 推腹法（安置体位、冲击推压）

将婴幼儿平卧至于适当高度的桌子或床上。育婴员立于婴幼儿右侧。左手放在婴幼儿脐部腹壁上，右手置于左手的上方加压，两手向胸腹上后方向冲击性推压，促进气管异物被向上冲击的气流排出，如图2—25所示。重复推动数次，有时也可使异物

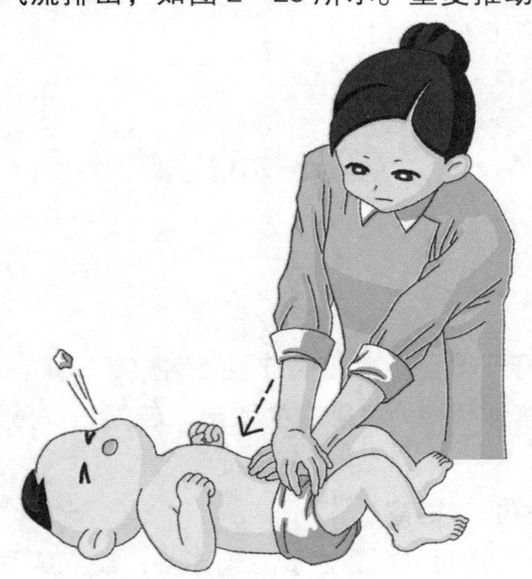

● 图2—25　推腹法

咳出。

最后清理呕吐分泌物。

二、注意事项

以上两种方法如有异物排出，育婴员应迅速从口腔内清除阻塞物，以防再度阻塞气管，影响正常呼吸。如经上述方法无效，应立即去医院急诊就医。

学习单元 5 婴幼儿被狗咬伤的初步处理

学习目标

- 了解狂犬病病毒的生物学特性
- 掌握狂犬病的症状知识
- 能完成婴幼儿被狗咬伤时的初步急救

知识要求

一、概述

被狗咬伤的伤口深浅不一，轻者有牙痕，重者有撕裂皮肉，主要是并发狂犬病。通常人们认为只有疯狗才会带狂犬病毒，其实 15%～30% 的健康狗都是带病毒状态，即使是打过疫苗的狗也不例外。狂犬病的病程十分险恶，治愈率低，一旦发病死亡率极高。

二、婴幼儿接种狂犬疫苗

为了预防狂犬病，必须注射狂犬疫苗。注射狂犬疫苗时间是：被咬当日第 1 针，然后分别在第 3 日、第 7 日、第 14 日及第 30 日各注射 1 针，共 5 针。

技能要求

婴幼儿被狗咬伤的初步急救

一、操作准备

用物准备：婴幼儿模型、20%肥皂水、3%双氧水、碘酒、消毒棉签5～10根、消毒纱布1包，胶布1卷。

二、操作步骤

1. 安抚情绪

与婴幼儿沟通，使其保持情绪稳定。

2. 检查伤口

迅速检查伤口部位的状况。

3. 挤血

婴幼儿被狗咬伤后，应对咬伤的伤口立即挤血。对于伤口较大的为防止出血过多，可进行止血。

4. 伤口消毒、 包扎

用20%肥皂水，再用3%双氧水冲洗伤口，并特别注意对伤口深处的清洗。然后，用消毒纱布擦干，再后涂碘伏消毒。

5. 转运

转运医院。

6. 注射疫苗

按医嘱注射狂犬疫苗。

三、注意事项

操作中应安抚婴幼儿情绪。仔细观察伤口，大胆、冷静处理伤口，并迅速将患儿送医院治疗，预防狂犬病的发生。

第3章　教育实施

婴幼儿除了吃喝拉撒需要照顾外，还有重要的活动，就是游戏。在教育理论中，游戏是婴幼儿的基本需要，和吃喝拉撒同等重要。

在初级教材中，育婴员已经掌握了基本的游戏或活动技能，在中级，育婴员需要学习和掌握的有四个部分：训练婴幼儿动作能力，训练婴幼儿听和所能力，指导婴幼儿认知活动，培养婴幼儿情绪、情感与社会性行为的活动。其中“培养婴幼儿情绪、情感与社会性行为”是新增的内容，与婴幼儿身体健康、智能发同等重要，对婴幼儿长远发展有着重要影响。

育婴员在教育实施时，首先要考虑婴幼儿所处的发展阶段，再选择符合该年（月）龄发展水平的游戏或活动，切忌拔苗助长。在各种游戏过程中，尤其需要注意游戏或活动的安全性问题、注意引导婴幼儿自主探索，也要有意培养他们愉快的情绪体验和良好的社会性行为。

第3章 教育实施

第1节 训练婴幼儿肢体动作

学习单元1 婴幼儿体操

学习目标

- 了解婴幼儿粗大动作发展的特点与规律
- 掌握婴幼儿体操的分类和操作要点
- 能操作婴幼儿被动操、主被动操、模仿操

知识要求

一、婴幼儿粗大动作发展的特点与规律

1. 婴幼儿粗大动作

随着大脑皮质功能逐渐发育以及神经髓鞘的形成，婴幼儿动作由上而下，由近及远，由不协调到协调，由粗糙到精细发育渐趋完善。粗大动作一般指的是牵涉大肌肉群的活动，包括抬头、翻身、坐、爬、立、走、跑、跳、攀登、平衡、投掷等方面。

2. 婴幼儿粗大动作发展特点

从出生到3岁期间，婴幼儿的各种基本动作发展会是有规律地产生和不断发展变化的。

（1）0～1岁时以移动运动为主。包括躺、坐、爬、站等。

（2）1～2岁时由移动活动向基本运动机能过渡。包括爬（障碍爬）、走、滚、踢、扔、接等。

（3）2～3岁时以发展基本运动技能为主，向各种动作均衡发展。包括走（走向不同方向、曲线走、侧身走或倒着走）、跑（追逐跑、障碍跑）、跳（原地跳、向前跳）、

投掷、玩运动器具（荡秋千、蹬童车）等。

3. 婴幼儿粗大动作发展的规律

（1）首尾规律

首尾规律即由头部到尾端，由上肢到下肢的顺序发展动作技能。

婴幼儿粗大动作的发展，先从上部动作然后到下部动作。婴幼儿最先出现眼和嘴的动作，然后是手的动作，上肢的动作又早于下肢的动作，婴幼儿先学会抬头，然后俯撑、翻身、坐和爬、最后学会站和行走。也就是离头部最近的动作先发展，靠足部近的动作后发展。这种趋势也表现在一些动作本身的发展上，例如，婴幼儿学爬行，先是学会借助于手臂匍匐爬行，然后才逐渐运用大腿、膝盖和手进行手膝爬行，最后才是手足爬行，这就是首尾规律。

（2）近远规律

近远规律即由身体中心向四肢远端发展动作技能。

婴幼儿粗大动作的发展先从头部和躯干的动作开始，然后发展双臂和腿部的动作，最后是手部的精细动作。也就是靠近中央部分（如头颈、躯干）的动作先发展，然后才发展边缘部分（如臂、手、腿、足等）的动作。例如，婴幼儿看见物体时，先是移肩肘，用整个手臂去接触物体，以后才学会用腕和手指去接触并抓取物体。这种从身体的中央部位到身体边远部位的发展规律，就是近远规律。

（3）大小规律

大小规律大小规律即先发展大肌肉大动作，再发展小肌肉精细动作。

婴幼儿粗大动作的发展，先是从活动幅度较大的大动作开始，而后才学会比较精细的动作，也就是从大肌肉动作到小肌肉动作。所谓大肌肉动作是指抬头、坐、翻身、爬、走、跑、跳、走平衡、踢等，即大肌肉群所组成的动作。大肌肉动作常伴随强有力的大肌肉的伸缩、全身运动神经的活动，以及肌肉活动的能量消耗；小肌肉动作如吃饭、穿衣、画画、剪纸、玩积木、翻书、穿珠等。从四肢动作而言，婴幼儿先学会臂与腿的动作，以后才逐渐掌握手和脚的动作，通常是先用整个手臂去够物体，以后才会用手指去抓。这种动作发展规律称为大小规律。

（4）无有规律

无有规律即由无意识的活动发展出有意义的探索行为。

儿童动作发展的方向是越来越多地受心理、意识支配，动作发展的规律也服从于儿童心理发展的规律——从无意向有意发展的趋势。

（5）泛化集中规律

泛化集中规律即婴儿出生后的动作发展从泛化的全身性的动作向集中的专门化的动作发展。

婴幼儿最初的动作是全身性的泛化动作，这种动作是笼统的、弥散性的、无规律

的。例如，满月前的婴儿，在受到痛刺激以后，会边哭闹边全身活动。而后，婴幼儿的动作逐渐分化，向局部化、准确化和专门化的方向前进。这就是从整体到局部发展的泛化集中规律。

二、婴幼儿体操

1. 婴幼儿体操的分类

体操活动是一种简易的体格锻炼方法，是根据婴幼儿的生理特点和游戏规则，配合优美的音乐设计的基本动作，操练肢体的节律性运动。可分为被动体操、主被动体操、模仿操三种形式。

2. 婴幼儿体操对婴幼儿动作发展的作用

体操能促进身体正常发育和生理机能水平的提高，促进抬头、翻身、坐、爬、站等各种基本动作适时的发展，贯通骨骼、肌肉与神经的联系，能使所要发展的动作更协调、灵活。

婴幼儿体操活动不仅是一种简易的体格锻炼方法，更是成人与婴幼儿进行情感交流的方式。它能使婴幼儿拥有良好的情绪，情感反应灵敏，增进亲子亲密关系。

3. 婴幼儿体操的练习要点

（1）被动操

婴儿被动操是完全在成人的帮助下，婴儿被动地改变身体姿势的一种操节活动。它适用于2～6个月的婴儿。主要锻炼胸、臂肌肉的发展，锻炼肩关节、膝关节、股关节、肘关节及其韧带的功能，锻炼两腿的肌力等。被动操具体内容：扩胸运动、屈肘运动、上肢运动、肩关节运动、屈膝运动、下肢运动、髋关节运动、翻身运动。共8节，每节重复两个8拍。

做被动操时，育婴员要注意动作柔和、轻缓，手法要准确，可以配以轻松、活泼的儿童音乐进行。每天活动1～2次，每次操节练习的时间和内容要根据婴儿的月龄大小来决定。要随时注意婴儿的表情反应，时时与婴儿进行交流（包括说话和微笑）。如遇婴儿哭闹可使其安静后再继续。

（2）主被动操

婴儿主被动操是在成人的适当扶持下，加入婴儿的部分主动动作完成的一种操节运动。主要锻炼四肢肌肉、关节的韧性，锻炼腹肌、腰肌以及脊柱的功能。适用于7～12个月的婴儿。这个时期的婴儿，已经有了初步的自主活动能力，能自由转动头部，自己翻身，独坐片刻，双下肢已能负重，并能上下跳动。婴儿每天进行主被动操的训练，可活动全身的肌肉关节，为爬行、站立和行走打下基础。主被动操具体内容：起坐运动、起立运动、提腿运动、弯腰运动、挺胸运动、转体、翻身运动、跳跃运动、扶走运动。共8节，每节两个8拍，有左右之分的应轮换做。

在扶持婴儿进行主被动操时，育婴员动作要轻柔，使婴儿能顺势做动作，切忌生拉硬拽，使婴儿感到不适。育婴员可以用婴儿平时喜欢的、熟悉的玩具、用品逗引，引发他的运动兴趣，使其能配合做动作。育婴员在扶持婴儿时，动作要轻，尽量让婴儿自己用力，以保证练习的效果。

（3）模仿操

婴幼儿模仿操具有强烈的游戏性和趣味性，主要是在音乐、儿歌的伴奏下，婴幼儿徒手模仿各种动作的一种操节活动，如一些动物常见的动作、成人的劳动动作以及日常生活动作等。模仿操主要训练婴幼儿走、跑、跳、平衡、弯腰等基本动作，促进婴幼儿运动机能和技能向均衡、协调方向发展。婴幼儿 1 岁半左右，能够完成行走、跑、跳等基本动作，能独立做操，但只能模仿，此时的婴幼儿好学好动，对各种游戏、儿歌和体育活动有浓厚的兴趣，模仿操就是根据这个年龄儿童的特点来设计的，因而适合于 1.5～3 岁的婴幼儿。

在操节练习时，育婴员应该根据婴幼儿的月龄特点与个性特点选择操节，动作不宜过多。育婴员的示范动作要正确，但不强求婴幼儿姿势正确。在家中，育婴员可以根据婴幼儿日常生活内容自编儿歌和动作，让婴幼儿做，这样不但可训练婴幼儿的各种动作，还能培养婴幼儿的独立生活能力，发展想象力、思维能力和语言能力。

技能要求

【操作技能 1】婴幼儿被动操

一、操作准备

1. 环境与用具准备

（1）环境：保持室内空气新鲜，温度保持在 25℃左右。将婴幼儿放在软硬适中的平面上，如板床或桌子上，平面上铺好垫子。

（2）用具：做操时，可伴有或不伴有音乐，要使婴儿在轻松愉快的情绪中完成体操。

2. 个人准备

（1）育婴员：除去手上、身上不利于活动的饰品，双手掌心先用少量天然植物油相互揉搓，温暖双手。

（2）2～6 个月婴儿：脱去宽大的外套，检查婴幼儿的尿布，如是一次性尿布需观察是否需要更换，放松手脚。遇有疾病时可暂停婴儿操，疾愈后再恢复做。

3. 适合年龄

2~6 个月的婴儿。

二、操作步骤

1. 上肢动作

(1) 扩胸运动

预备姿势：婴儿仰卧，两臂放体侧，育婴员两手握住婴幼儿两手的腕部，让婴儿握住育婴员的大拇指。

练习方法：

1) 将婴儿两手向外平展，可稍用力，与身体成 90°，掌心向上，如图 3—1 所示。

2) 两臂向胸前交叉，婴儿左手在上，右手在下，如图 3—2 所示。

3) 重复以上动作，婴儿左右手依次轮换。

图 3—1 将两手向外平展

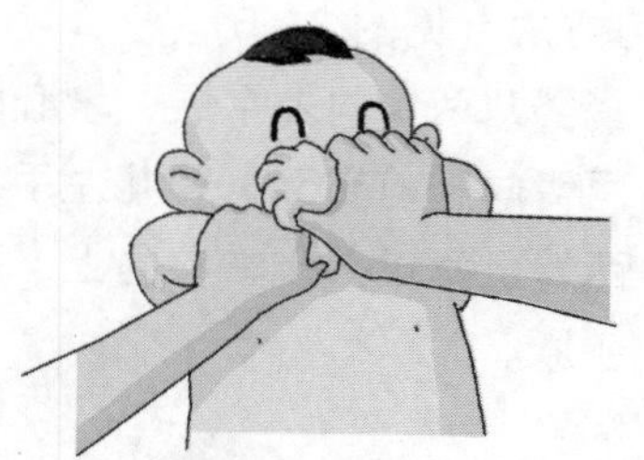

图 3—2 两臂向胸前交叉

(2) 伸屈肘关节

预备姿势：同扩胸运动。

练习方法：

1) 向上弯曲左肘关节。

2) 将左肘关节伸直还原，如图 3—3 所示。

3) 向上弯曲右肘关节。

4) 将右肘关节伸直还原。

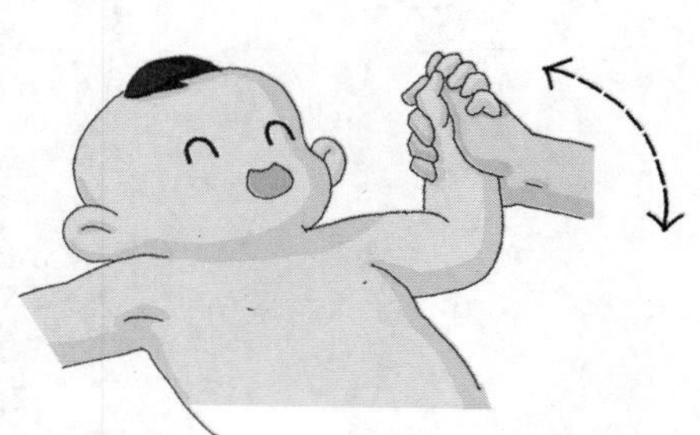

图 3—3 伸曲肘关节

(3) 肩关节运动

预备姿势：同扩胸运动。

练习方法：

1) 将婴儿左臂弯曲贴近身体，以肩关节为中心由内向外做回环运动，还原，如图 3—4 所示。

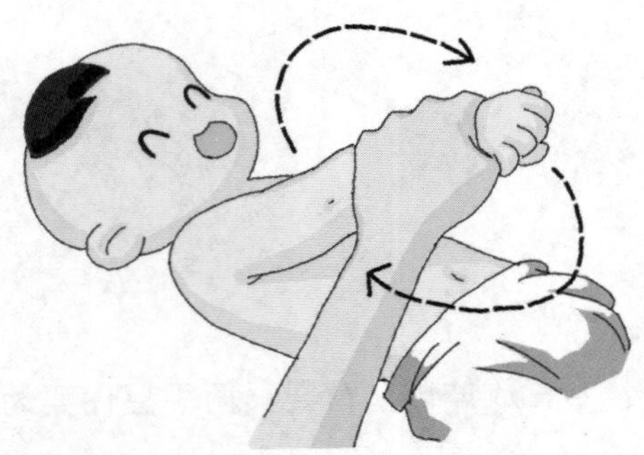

● 图 3—4　肩关节运动

2）轮换右手，动作相同。

(4）伸展上肢运动

预备姿势：同扩胸运动。

练习方法（见图 3—5）：

1）将婴儿两臂向外平展，掌心向上。

2）两臂向胸前交叉，婴儿左手在上，右手在下，并依次轮换。

3）两臂上举过头，掌心向上，距离与肩同宽。

4）还原。

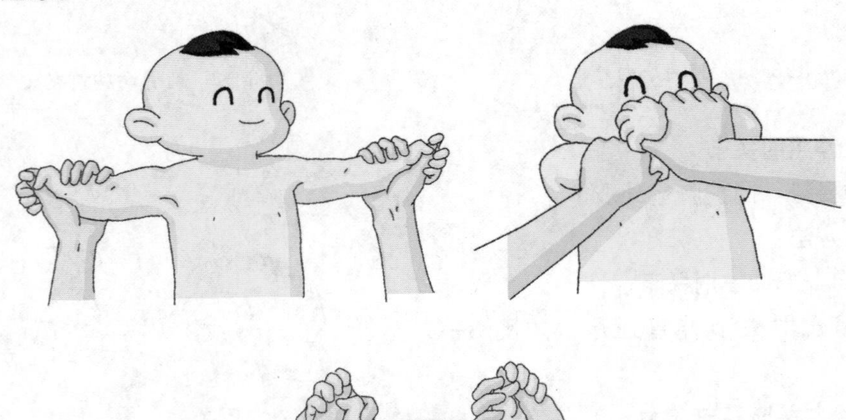

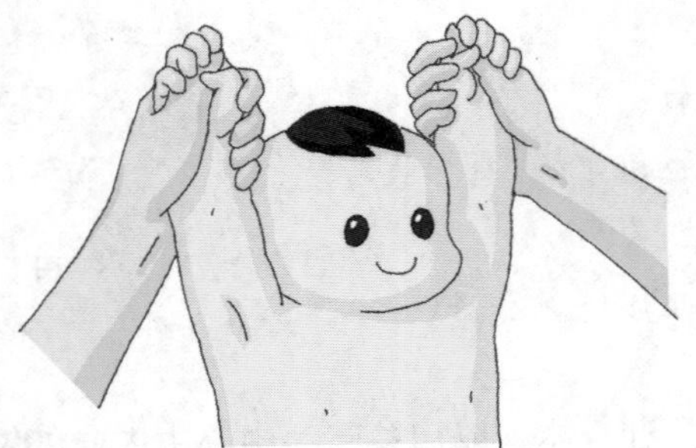

● 图 3—5　伸展上肢运动

2. 下肢动作

(1) 伸屈踝关节

预备姿势：婴儿仰卧，育婴员左手握住婴儿左踝部，右手握住左足前掌。

练习方法：

1）将婴儿足尖向上，屈伸踝关节。

2）将婴儿足尖向下，伸展踝关节，连续 1 个 8 拍，如图 3—6 所示。

3）轮换右脚。

(2) 两腿轮流伸屈

预备姿势：婴儿仰卧，育婴员双手握住婴儿膝关节下部。

练习方法：

1）屈左膝关节，使膝缩近腹部，如图 3—7 所示。

2）伸直左腿。

3）屈右膝关节，左右轮换，模仿蹬车运动。

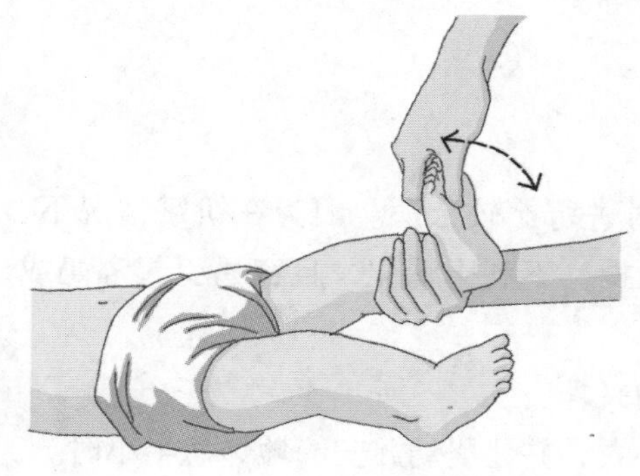

● 图 3—6 伸屈踝关节

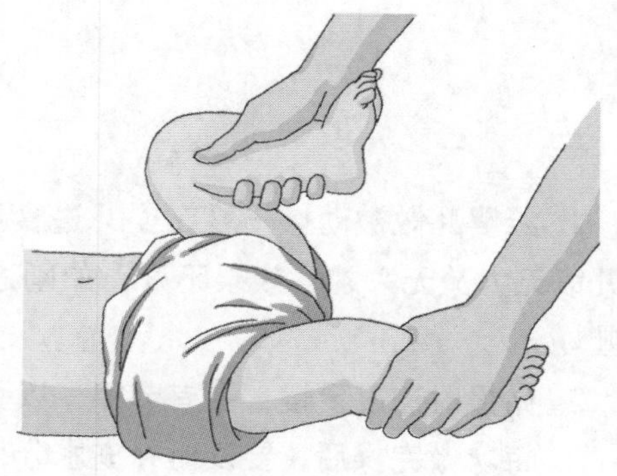

● 图 3—7 两腿轮流伸屈

(3) 下肢伸直上举

预备姿势：将婴儿两下肢伸直平放，育婴员两掌心向下，握住婴儿两膝关节处。

练习方法：

1）将两腿上举与身体成直角，如图 3—8 所示。

2）还原。

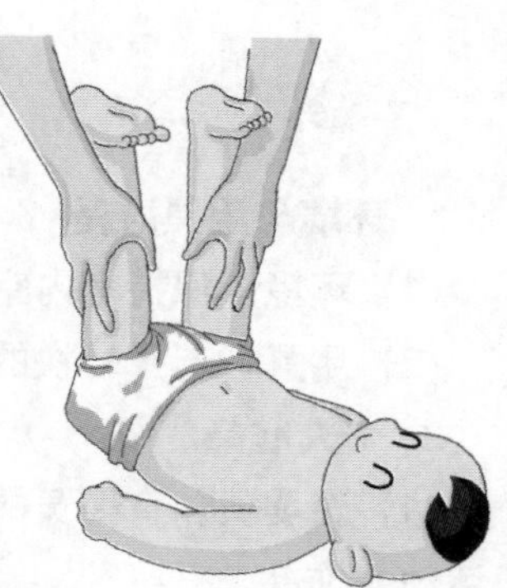

● 图 3—8 下肢伸直上举

(4) 转体、翻身

预备姿势：婴儿仰卧，并腿，两臂屈曲放在左胸腹。

练习方法：

1）育婴员左手扶婴儿胸部，右手垫于婴儿背部，如图3—9所示。轻轻地将婴儿从仰卧转为右侧卧后，还原。

2）育婴员换手，右手扶婴儿胸部，左手垫于婴儿背部。轻轻地将婴儿从仰卧转为左侧卧后，还原。

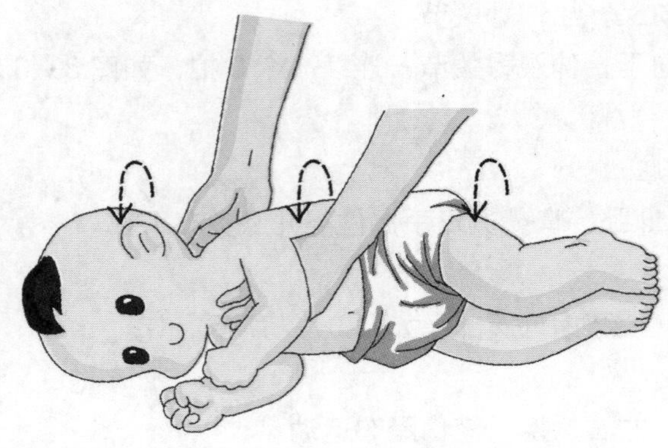

● 图3—9 转体、翻身

三、注意事项

1. 给婴儿做被动操一般在婴儿进食后半小时进行比较合适。因为在饥饿情况下，婴儿既无力又无兴趣，效果不好；如刚进食就做操，不利于消化，且容易引起溢奶或呕吐。

2. 做操时速度要慢，要有节律，以引起活动兴趣。

3. 每次做完操后，要及时补充水分，穿上外衣，并让婴幼儿安静地休息半小时。

【操作技能2】婴儿主被动操

一、操作准备

1. 环境与用具准备

（1）环境：保持室内空气新鲜，温度不低于25℃。

（2）用具：选择轻快的音乐，准备婴儿日常玩耍的玩具。

2. 个人准备

（1）育婴员：育婴员的衣着要便于与婴儿一起活动、游戏，除去手上、身上不利于活动的饰品。

（2）7～12个月婴儿：脱去宽大的外套，检查婴儿的尿布，如是一次性尿布，观察是否需要更换，放松手脚。遇有疾病时可暂停婴儿操，疾愈后再恢复做。

3. 适合年龄

7～12 个月婴儿。

二、操作步骤

1. 起坐运动

预备姿势：婴儿仰卧，育婴员双手握住其双手，或用右手握住婴儿左手，左手按住其双膝。双手距离与肩同宽。

练习方法：

（1）轻轻拉引婴儿使其背部离开床面，让婴儿自己用劲坐起来，如图 3—10 所示。

（2）再让婴儿由坐至仰卧。

2. 起立运动

预备姿势：婴儿俯卧，育婴员双手托住婴儿双臂或手腕。

练习方法：

（1）育婴员牵引婴儿俯卧跪直、起立或直接站起，如图 3—11 所示。

（2）再让婴儿由跪坐至俯卧。

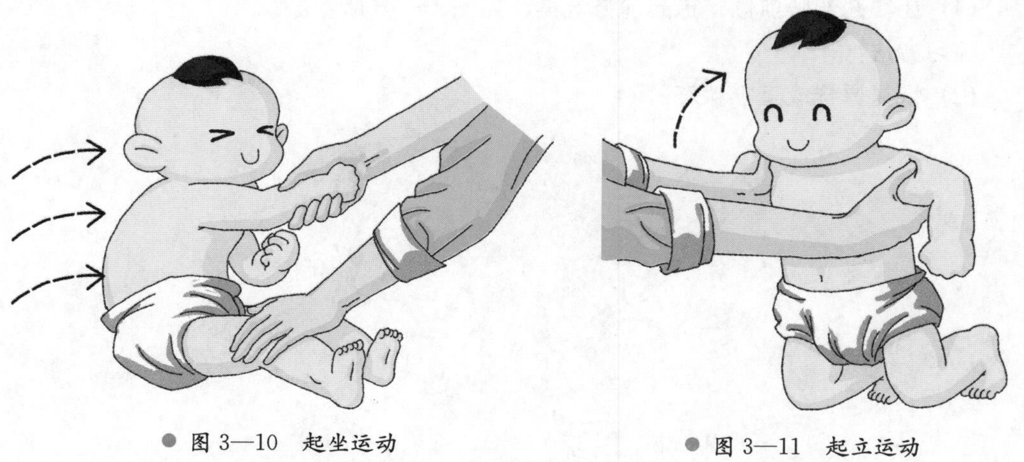

图 3—10 起坐运动

图 3—11 起立运动

3. 提腿运动

预备姿势：婴儿俯卧，双手放在胸前，两肘支撑身体，育婴员双手握住婴儿两足踝部。

练习方法：

（1）将婴儿两腿向上抬起成推车状；随月龄增大，可让婴儿双手支持起头部，如图 3—12 所示。

（2）还原至预备姿势状态。

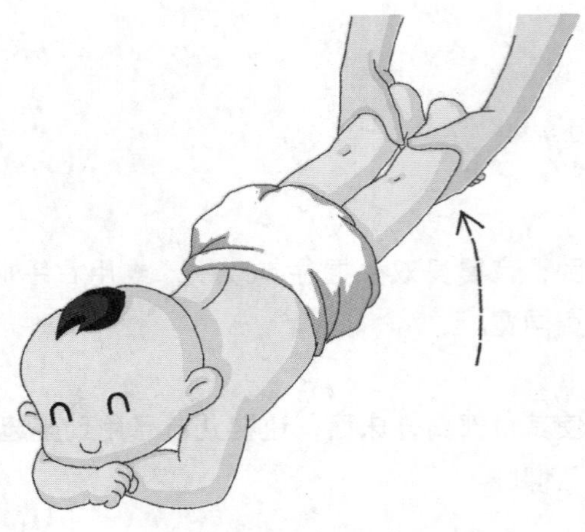

● 图 3—12 提腿运动

4. 弯腰运动

预备姿势：婴儿与育婴员同向站立，育婴员左手扶住婴儿两膝，右手扶住婴儿腹部，在婴儿前方放一玩具。

(1) 让婴儿弯腰前倾，拣起前方玩具，如图 3—13 所示。

练习方法：

(2) 恢复原样成直立状态。

● 图 3—13 弯腰运动

5. 挺胸运动

预备姿势：婴儿俯卧，两手向前伸出，育婴员双手托住婴儿肩臂。

练习方法：

(1) 轻轻使婴儿上体抬起并挺胸，腹部不离开桌面，如图 3—14 所示。

(2) 轻轻使婴儿还原成预备姿势。

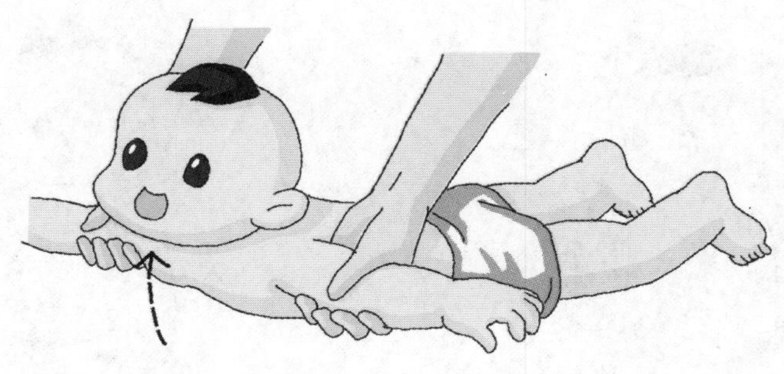

● 图 3—14 挺胸运动

6. 转体、 翻身运动

预备姿势：婴儿仰卧，两臂屈曲放在前胸，育婴员右手扶婴儿胸部，左手垫于婴儿背部。

练习方法（见图 3—15）：

（1）轻轻地将婴儿从仰卧转为右侧卧。

（2）再将婴儿从右侧卧位转成俯卧位。

（3）再由俯卧位还原为仰卧位。

（4）第二个 8 拍动作相同，方向相反。

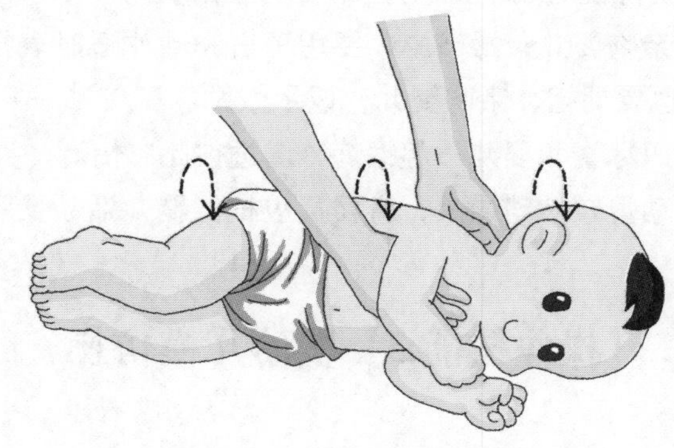

● 图 3—15 转体、翻身运动

7. 跳跃运动

预备姿势：育婴员与婴儿面对面，双手扶住其腋下。

练习方法：扶起婴幼儿使足离开地（床）面，同时说“跳！跳!”。婴儿做跳跃运动，以足前掌接触地（床）面为宜，如图 3—16 所示。

8. 扶走运动

预备姿势：婴儿站立，育婴员站在其背后，扶住婴儿腋下、前臂或手腕。

练习方法：扶起婴儿使左右脚轮流跨出，学开步行走，如图 3—17 所示。

● 图 3—16　跳跃运动

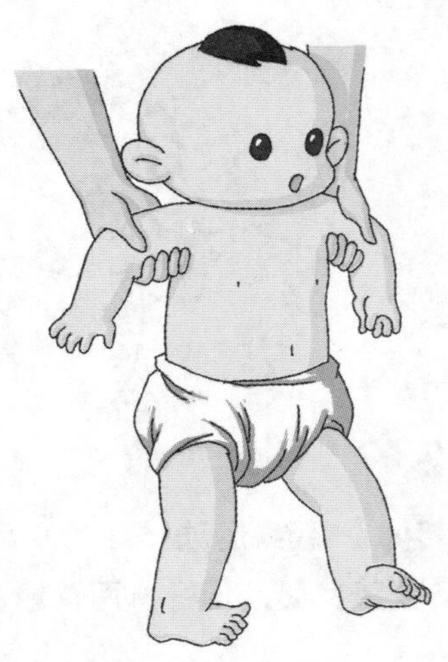

● 图 3—17　扶走运动

三、注意事项

1. 做操时，应以婴儿的喜好及能力所及为前提，循序渐进地增加活动时间和操节内容。如遇中途婴儿显得疲倦或不悦时应及时停止做操。

2. 做操前拥抱、亲吻婴儿；操节中，要用语言和动作适时表扬，增加婴儿的活动兴趣；每次做完操，也要拥抱、亲吻婴儿，以示鼓励。

3. 建议爸爸、妈妈尽量和婴儿一起锻炼，增进彼此感情。

4. 主被动操的活动量较被动操大，育婴员应根据婴儿活动量和出汗情况，及时将汗擦干。

【操作技能 3】婴幼儿模仿操

一、操作准备

1. 环境与用具准备

（1）环境：尽量选择空气新鲜、阳光充足的室外环境，地面平整，无杂物。

（2）用具：选择欢快的音乐或简单易懂的儿歌，可根据操节内容准备相应的玩具、头饰等辅助用品。

2. 个人准备

（1）育婴员：熟悉并能正确地做模仿操，服装适合与婴幼儿一起运动、游戏。

（2）婴幼儿：选择合适的运动球或球鞋，服装简洁，不带任何配饰。

3. 适合年龄

1.5～3 岁的婴幼儿。

二、操作步骤

1. 小鸟飞

适宜年龄：18～36 个月。

练习时间：每日 1～2 次，每次 3～5 分钟。

练习方法：

(1) 育婴员带宝宝来到户外，拿出玩具小鸟，把拧紧弦的小鸟放飞，并对宝宝说："宝宝看，小鸟飞了，飞得多高呀，飞到天上去了。"

(2) 待小鸟从天上落下后，育婴员指导宝宝观察小鸟的外形特征："小鸟身上长满了羽毛，它有一个尖尖的嘴巴和一对翅膀。"

(3) 育婴员边念儿歌"小鸟小鸟高高飞，拍拍翅膀飞呀飞"，边做两臂侧平举，上下摆动，原地小跑转一圈。婴幼儿跟着模仿。

2. 小鸡和小鸭

适宜年龄：18～36 个月。

练习时间：每日 1～2 次，每次 3～5 分钟。

练习方法：

(1) 育婴员扮小鸡和小鸭的妈妈，婴幼儿扮小鸡、小鸭。

(2) 育婴员边唱"小鸡小鸭"歌曲边做动作。婴幼儿跟着做相应的动物模仿动作。

小鸡动作：两手拇指和食指并拢，做小鸡嘴状，两脚自然跑。

小鸭动作：两手放背后、抬头、腰微弯，做小鸭摇摇摆摆走路状。

3. 划小船

适宜年龄 18～24 个月。

练习时间：每日次数不限，每次 5～15 分钟。

练习方法：

(1) 育婴员提议："我们去划船好吗?"让婴幼儿跟着音乐拍手。

(2)"准备开船，我们一起划"。教师示范划桨动作，一脚前伸，两手半握拳，两臂于体侧由前向后转动，运用腰部力量使身体由前倾到逐渐挺直，让婴幼儿模仿。

(3) 育婴员说"大风吹来了"，教师和婴幼儿一起做摇晃动作，摇晃动作要求双手上举，用腰部的力量将身体左右转动。

4. 跷跷板

适宜年龄：18～36 个月。

练习时间：每日次数不限，每次 5～15 分钟。

练习方法：

（1）婴幼儿和育婴员两人面对面站立。

（2）两人双手相拉并伸直，身体稍稍往后仰，然后育婴员起立时婴幼儿下蹲，婴幼儿起立时育婴员下蹲，交替轮流地起立和下蹲，模拟正在坐跷跷板。

5. 小兔和小猫

适宜年龄：18～36 个月。

练习时间：每日 1～2 次，每次 3～5 分钟。

练习方法：

（1）育婴员竖起双手食指与中指表示兔子耳朵，双脚原地跳两下，然后身体下蹲，双手做吃草动作，并念儿歌“小白兔，蹦蹦跳，爱吃萝卜和青菜”。

（2）育婴员边念儿歌“小花猫，喵喵喵，爱抓老鼠爱吃鱼”，边做动作。育婴员双手张开、掌心向内，放在头两侧，和着小猫叫声“喵喵喵”做捋胡须动作两下；然后身体前倾，双手轮流向前抓，双脚自然按儿歌节奏走。

（3）婴幼儿跟着育婴员一起做动作。

三、注意事项

1. 在户外做操时，育婴员不要让婴幼儿离开自己的视线，更不要让宝宝独自活动，并做好相关的防护措施，避免摔倒。

2. 在进行操节活动前，育婴员要尽量创设情境性、游戏性的活动环境，用形象化的语言和儿歌引导婴幼儿参与运动。

3. 外出活动时，育婴员应带好相应的生活用品，如毛巾、饮用水、纸巾等，以备不时之需。

4. 育婴员要善于根据室外气温的不同、婴幼儿运动量的不同，帮助婴幼儿增减衣服。

学习单元2 婴幼儿手指操

学习目标

- 了解婴幼儿精细动作发展的特点与规律
- 掌握婴幼儿手指操的作用和练习要点
- 能操作婴幼儿手指操

知识要求

一、婴幼儿精细动作发展的特点与规律

婴幼儿精细动作主要指小肌肉的动作，手的技巧、动作灵活性、手眼协调和双手配合能力。主要体现在手指、手掌、手腕等部位的活动能力，包括握、捏、托、扭、拧、撕、推、抓、刮、拨、叩、压、弹、挖、鼓掌、夹、穿、抹、拍、摇、绕动作。手眼的协调动作指眼和手能够配合，手的运动能够和视线一致，按照视线去抓住所看见的东西。

1. 婴幼儿精细动作发展特点

精细动作的发展顺序，从用满手抓握到用拇指与其他4指对握，再到用食指与拇指对握，代表着婴幼儿大脑神经、骨骼肌肉、感觉统合的成熟程度。精细动作的训练应该依据发展顺序，逐步进行，见表3—1。

表3—1 分阶段训练精细动作

年龄阶段	精细动作
出生	两手捏拳，刺激后握得更紧（抓握反射）
2个月	两手依然呈握拳状态，但紧张度逐渐降低
3个月	能将双手放到面前观看并玩弄自己的双手，出现企图抓握东西的动作
4个月	能在拇指的参与下抓住物体，抓住东西摇晃

续表

年龄阶段	精细动作
5个月	偶尔能抓住悬垂在自己胸前的玩具，会有意识地去抓东西，但不一定抓到，如果抓到了，就把东西往嘴里送
6个月	用整个手掌握物，准确地拿取悬垂在胸前的东西；会撕纸玩
7个月	能一手拿一个东西，也能在双手间有意识地、准确地传递物体
8个月	用拇指和其他3指捏起桌上的小物品，有意识地摇响手中物（如拨浪鼓）
9个月	能将两手拿的东西对敲，可以用拇指和食指捏起小物件（如大米花、葡萄干等）
10个月	能主动松手放弃手中的物体，将东西扔到地上听响
11个月	主动打开包方积木的花纸，几页几页地翻书，全手握住笔在纸上留下笔道
12个月	把东西递给别人，把小东西塞进瓶中
1岁1个月	喜欢把东西拿进拿出
1岁2个月	会打开盒盖（不是螺纹的）；能倾斜瓶子倒出小物件，然后用手去捏；弯曲手臂丢东西
1岁3个月	把东西插上小木棒
1岁4个月	敲打游戏
1岁5个月	由上方握汤匙
1岁6个月	用小线绳穿进大珠子或大扣子孔，可以叠搭起4块积木不倒
1岁7个月	控制手腕
1岁8个月	用手臂和握力拖拉
1岁9个月	会搬运大积木；模仿画线条，但不像
1岁11个月	解扣子，轻轻夹物
2岁	能叠6～7块方木，逐页翻书，手指和手腕灵活运动，学会转动门把手把门打开
2岁1个月	扭转手腕，手腕会用力
2岁2个月	用手掌将橡皮泥搓成团状，穿细小的东西
2岁3个月	平稳地端杯子；能模仿画直线，基本像；会折装简单拼插玩具
2岁4个月	会用3根手指和手腕，如会用汤匙
2岁5个月	会用手指的力量

续表

年龄阶段	精细动作
2岁6个月	平衡使用手指、手腕、手臂，能较准确地把钱绳穿入珠子孔，练习后每分钟可穿入约20个珠子
2岁7个月	会适度调整握力
2岁8个月	用剪刀
2岁9个月	模仿画圆、用刀切卷物品、用剪刀剪线折纸、折布
2岁10个月	灵巧地使用3根手指使用筷子、旋打电螺丝积木等
2岁11个月	把黏土揉和或撕碎
3岁	能叠9～10块方木，临摹画“O”和“十”，将纸折成正方形、长方形或三角形，缝直线，用拇指和食指撕纸

2. 婴幼儿精细动作发展的规律

婴幼儿的精细肌肉发育稍晚于大肌肉，婴幼儿动作功能的发展顺序是由头部向下肢、由身体的中心向四肢发展的。以上肢的动作发展为例，发展从肩部到肘部、腕部，再到手指。精细肌肉动作发展尚未达到熟练阶段的婴幼儿，精细动作的活动会受到一定的限制。婴幼儿精细动作的发展主要以手部的动作发展为主。

（1）手部动作发展的趋势

从肌肉运动状况看，从手的粗大肌肉运动动作向手的精细肌肉运动动作发展；从手操作物体看，由全手掌动作向多个手指动作发展，继而从多个手指动作向几个手指动作发展。

（2）手部的动作包括对手掌和手指的运用

1）手掌握力的收放。握力的运用十分广泛，通常与大肌肉活动相互配合，如掷物，推、拉物品。婴幼儿拿着东西弄就是在练习握力。

2）手指的运用。婴幼儿玩弄各种东西都要运用手指。手指中以拇指最为重要，绝大部分动作都要用到拇指。细心观察就会发现婴幼儿手指的运用，通常有两种情况：拇指与其他手指的同时使用，如拾皮球、拿杯子；拇指与食指的同时使用，如拾取较小的物品，这需要较高的手指技巧。

二、婴幼儿手指操

1. 婴幼儿手指操的作用

刚出生的婴幼儿就会用小手紧抓住成人的大手不放，这是婴幼儿的指尖在“说话”，是婴幼儿认知世界的见证。“心灵”与“手巧”是相辅相成的，手指与大脑之间

存在着广泛的联系。对婴幼儿而言，手的动作代表着个体的智慧，因为大脑皮层有相当大的区域专门指挥手指、手心、手背、腕关节的感觉和运动，所以手的动作，特别是手指的动作，越复杂、越精巧、越娴熟，就越能在大脑皮层建立更多的神经联系，从而使大脑变得更聪明。

在做手指操时，要让婴幼儿有脑、眼、手的同时协调，这对思维、视觉、触觉、语言等感官的发展有着积极的促进作用。如果长期坚持做手指操，不仅能锻炼小肌肉的灵活性、协调性，还能帮助婴幼儿积累对周围世界和自己身体的了解和经验，能开发大脑潜能。同时，游戏中愉悦的亲子氛围，对婴幼儿健康成长有着很重要作用。

2. 婴幼儿手指操练习要点

(1) 0～6 个月的婴儿

0～6 个月的婴儿还不会说话，手指也仅仅会做一些基本的抓握动作。这个时期的手指操不应该太复杂，主要以父母或育婴员带动婴儿的手为主。带婴儿做手指操的时候，动作可以稍微放慢一些，尽量让婴儿感受到手指的变化。做操时，育婴员抓起婴儿的小手，边做动作边配以悦耳动听的童谣。

(2) 7～12 个月的婴儿

7～12 个月的婴儿精细动作发展迅速，开始学会撕纸、拿捏小东西，甚至抓握画笔涂鸦。育婴员可以相应设计一些不同手指的使用技巧。手指操的内容可以来源于生活，可以自创一些口诀，帮助婴儿养成良好的生活习惯。如婴儿自己无法自如地伸出手指，育婴员要耐心帮助他们完成这些动作。做操时语气、动作都要轻柔。

(3) 13～18 个月的婴幼儿

13～18 个月的婴幼儿能够灵活控制手指关节，利用双手配合完成很多工作，如自己动手吃饭、串珠、搭积木等，同时语言能力飞速发展。这个时期的手指操可以让婴幼儿独立完成，同时鼓励他们唱歌和背诵童谣。

(4) 19～36 个月的婴幼儿

19～36 个月的婴幼儿的手指的灵活性进一步增强。可以将手指操节内容和日常生活的活动相融合，运用手指来表达、表现。如儿歌《切土豆》："切土豆，切土豆，土豆丝、土豆片。"切（左手摊开，右手作刀在左手上作切的动作）、土豆（两手握拳）、丝（拇指和食指分开）、片（两手掌心相对）各有不同的手部动作。育婴员也可以运用一些指偶，和婴幼儿一起玩指偶、讲故事，以增加活动的兴趣。

技能要求

婴幼儿手指操

一、操作准备

1. 环境与用具准备

（1）环境：可以在室内，也可以在室外进行。

（2）用具：根据手指操内容选择音乐、儿歌，准备相应的道具。

2. 个人准备

（1）育婴员：除去手上饰品，洗净双手，并使双手温暖。

（2）婴幼儿：露出小手。

二、操作技能

1. 爸爸妈妈瞧一瞧

适宜年龄：0～6 个月。

练习时间：每日次数不限，每次 2～3 分钟。

练习方法：配合儿歌做动作。

（1）“爸爸瞧”：左手从背后伸出，张开手指挥动。

（2）“妈妈看”：右手从背后伸出，张开手指挥动。

（3）“宝宝的小手真好看”：双手一齐摇动。

（4）“爸爸瞧”：闭合左手，往背后收。

（5）“妈妈看”：闭合右手，往背后收。

（6）“宝宝的小手看不见”：双手都放在背后了。

（7）“爸爸妈妈快来看”：手继续放在背后不动。

（8）“宝宝的小手又出现”：双手从背后再拿出来。

（9）“爸爸妈妈瞧一瞧”。

提示：在做这节手指操的时候，育婴员要鼓励婴儿在伸出手的时候将五指用力张开。

2. 手指宝宝睡觉了

适宜年龄：7～12 个月。

练习时间：每日次数不限，每次 3～5 分钟。

练习方法：配合儿歌做动作。

(1)“大拇哥”：婴儿两只手握拳伸出拇指。

(2)“二拇弟”：伸出食指。

(3)“三姐姐”：伸出中指

(4)“四兄弟”：伸出无名指。

(5)“小妞妞”：伸出小拇指。

(6)“手指宝宝睡觉了”：婴儿双手握拳。

提示：如婴儿自己无法自如地伸出手指，育婴员要耐心帮助婴儿完成这些动作。做操时语气、动作都要轻柔，若婴儿感到不舒服就不要强迫其完成。

3. 一二三四五

适宜年龄：12～18 个月。

练习时间：每日次数不限，每次 5～10 分钟。

练习方法：配合儿歌做动作。

(1)“一根手指点点点”：一根手指点点鼻子。

(2)“两根手指敲敲敲”：两根手指在脸上轻敲。

(3)“三根手指捏捏捏”：三根手指在身上轻捏。

(4)“四根手指挠挠挠”：四根手指在身上轻挠。

(5)“五根手指拍拍拍”：两只手对拍。

(6)“一二三四五，五个兄弟爬上山”：手指从小腿开始做爬山状。

(7)“叽里咕噜滚下来”：从婴幼儿胸口往下挠。

提示：育婴员和婴幼儿面对面，或者将婴幼儿平躺放在床上，抓起婴幼儿的小手，边念儿歌边做动作。

4. 手指变一变

适宜年龄：19～36 个月。

练习时间：每日次数不限，每次 5～15 分钟。

练习方法：配合儿歌做动作。

(1)“轱辘轱辘一”：双手握拳，做绕线状伸出右手食指。

(2)“轱辘轱辘二”：绕线，伸出右手食指、中指。

(3)“轱辘轱辘三”：绕线，伸出右手食指、中指、无名指。

(4)“轱辘轱辘四”：绕线，伸出右手食指、中指、无名指、小指。

(5)“上上下下”：双手在头上、身体下方各击掌两次。

(6)“前前后后”：双手在身前、身后各击掌两次。

(7)“手指变一变”：两个人双手立掌相互击掌三次。

提示：育婴员和婴幼儿面对面，边念儿歌边一起做操，最后和婴幼儿相对击掌 3 次。

第3章 教育实施

三、注意事项

1. 在婴幼儿手指发展的不同阶段，提供不同的手指游戏让婴幼儿进行练习，可以发展良好的感知觉和动作行为。

2. 婴幼儿的手指操练习要与感知活动、语言活动等有机结合来，使单调的训练变成有趣的游戏。

3. 婴幼儿的手指操内容要和实际生活相联系。育婴员可以将婴幼儿日常生活中的一些常见活动设计成可以接受的操节活动，使婴幼儿对活动更感兴趣。

4. 婴幼儿手指操可以和模仿操整合起来，促使婴幼儿动作得到全面发展。

第 2 节　训练婴幼儿听和说

学习单元 1　为婴幼儿选择发展听和说能力的图片和图书

学习目标

- 了解婴幼儿阅读图片和图书的特点
- 掌握不同年龄段婴幼儿图片和图书的选择要求
- 能为婴幼儿选择发展听和说能力的图片和图书

知识要求

一、婴幼儿图片和图书的意义与特点

1. 婴幼儿图片与图书的定义

婴幼儿图书是指以图片为主体，用图片来讲故事的婴幼儿读物。目前，常见的婴

幼儿图书有文学性图书和科学性图书。文学性图书主要通过塑造人物形象、营造环境氛围来讲故事，也有短小精悍、朗朗上口的儿歌童谣。科学性图书是将知识巧妙地与故事相融合，在故事中教知识。婴幼儿图书大部分由图片构成，由于年龄较小，婴幼儿不能够独立进行文字阅读，因此，图片是最佳的表现方式。婴幼儿能够从图片中理解图书的内容。婴幼儿图书是婴幼儿在人生道路上最初见到的书，是人在漫长的读书生涯中所读到的最重要的书之一。婴幼儿从图书中能体会到多少快乐，将决定他一生是否喜欢读书。因此，婴幼儿的早期阅读离不开图书。

2. 图片与图书对婴幼儿语言发展的意义

图片与图书的阅读能够帮助婴幼儿掌握新词，扩大词汇量，促进婴幼儿阅读兴趣，提高阅读能力。婴幼儿在阅读过程中做到视觉神经中枢与言语神经中枢相协调，在输入形象信息的同时处理形象信息，达到感受分析画面内容、认识了解客观事物的目的。图片与图书对婴幼儿语言发展的作用主要有以下两方面：

(1) 有利于脑的发育、成熟

研究发现，语言理解区域的发育比发音区早，阅读中枢的发育比说话中枢早。因此，早期的图片与图书是大脑的最佳刺激物，是发展大脑神经组织的最好方式。早期阅读是积极的视觉刺激，它通过图文并茂的视觉材料给婴幼儿以积极的刺激，从而加快大脑的发育与成熟，促进思维的发展。因此，阅读是婴幼儿智力发展的基础。

(2) 在关键期有效刺激婴幼儿语言发展

图片和图书对婴幼儿的阅读兴趣、阅读理解和阅读行为有很大的影响作用。

图书中角色形象直接影响着婴幼儿的阅读理解。他们喜欢既卡通而又不太失真的、拟人化的动物形象，这些色彩鲜艳的形象不仅给婴幼儿一种亲近感，还可以从卡通动物“手”“脚”的各种不同形态中很好地理解图书内容，符合婴幼儿在感知事物时只看表面现象、只凭感性和直觉进行认识活动的直观形象思维特点。对这类拟人化的角色形象有 65% 的婴幼儿能自己猜想这一角色在干什么，在成人的提示下，能结合画面理解内容。

图书中的内容会影响婴幼儿阅读的兴趣和理解。童话故事，尤其是动物故事图书是婴幼儿最喜欢和集中注意时间较长的图书，这些以简短句子为主的、有简单情节的故事书，容易被他们理解。由于婴幼儿还不能很好地把自己与外界事物分开，那些能“再现”婴幼儿生活的图书能引起他们的共鸣。观察中发现，2 岁以后的婴幼儿逐渐对有故事情节的书感兴趣，理解能力比其他内容的图书高出 30%。

图书中的语言对婴幼儿阅读理解有直接的影响。动作性强的、有重复句子的、有朗朗上口儿歌的图书都很受婴幼儿的欢迎。在阅读时，有 90% 以上的婴幼儿喜欢同时做出各种简单的动作，跟着念书上的儿歌和故事。心理学研究认为，2～3 岁是婴幼儿掌握基本词法和语法的关键时期，图书中直观形象性强、可重复使用的词句，在婴幼

第3章 教育实施

儿注意力、记忆力、语言能力发展的过程中起着重要作用。

总而言之，2～3 岁是婴幼儿图书阅读的敏感时期，在阅读兴趣、阅读行为、阅读理解上有各种表现特点，并易受其心理发展、成人指导及读物本身的影响。而成人指导与帮助是婴幼儿图书阅读能力发展的主要因素。重视婴幼儿早期阅读培养，特别是阅读兴趣的培养，将使他们在今后的人生旅途中，更好地面对学习的挑战。

3. 婴幼儿图片和图书的特点

(1) 内容浅显

与其他任何类型的图书相比，婴幼儿读物从文字到内容都是最浅显的。在挑选图书时应注意：首先，婴幼儿的接受能力根据一定的规律在发展。其次，根据心理学家研究，婴幼儿在成长过程中存在学习最佳期的关键年龄段。在思维发展方面，8 个月到 1 岁，2 岁到 3 岁和 5 岁到 6 岁，是思维活动水平发展的三个关键年龄。错过学习的最佳期，过晚对婴幼儿进行教学，不利于他们智力的发展，要补偿也比较困难。所以，掌握婴幼儿读物的程度，必须以婴幼儿心理发展规律为依据，必须把循序渐进和潜在的可能性结合起来。

(2) 充满情趣

情趣是婴幼儿读物最基本的特点。

(3) 图文并茂，甚至有图无文

婴幼儿图书的图画常常比较夸张，突出事物的主要特征。在色彩方面，婴幼儿图书的图画颜色鲜艳、明快。对年龄较小的婴幼儿，图画的背景应尽量简单，突出主要对象，以避免分散小读者的注意力。

二、婴幼儿图片和图书选择要求

1. 选择原则与要求

图片与图书是婴幼儿最重要的读物，人们通常所说的“读书”，相对于婴幼儿来说就是“读图画书”，指导婴幼儿阅读图书是早期阅读教育中的一个有效手段。图片与图书对婴幼儿发展具有独特的价值。因此，选择图书时要注意：

(1) 图文并茂

一般而言，图书是书面语言的载体，而婴幼儿阅读的图书是由文字和图画两种符号构成的，具有图文并茂的特点。同时，图书中的文字具有实在意义并有一定规律可循，能帮助婴幼儿形成有关书面语言的初步知识。基于上述特点，婴幼儿接触的图书应是他们已有概念的文字代码，即书面语言能够即刻引起他们对口头语言以及表征意义的联想，这样也有利于婴幼儿逐渐认识到书面语言的表意性质。图书字体宜大且不求多，由于婴幼儿识字能力有限，过多的文字叙述会造成婴幼儿的负担，既无意义又会抹杀婴幼儿的阅读兴趣，因此，文字的描述越简短越佳。而且，字体大不易伤害婴

幼儿视力。插图是促使婴幼儿阅读的动力之一，活泼可爱的插图犹如一盘色香味俱全的食物，令人胃口大开，因此，色彩鲜明、图案生动的插图是选择图书不可或缺的条件之一。

(2) 配合婴幼儿生活经验

婴幼儿的生活经验相当有限，因此童书内容以发挥友爱、孝顺父母、热心服务、爱护动物等切身经验为主，强化正面经验，让婴幼儿从书中获得启示，进而改善人际关系，这比成人苦口婆心的说教更有效果。

(3) 富有可操作性与想象空间

有些看图说故事的图书不仅可以让婴幼儿动手操作，还能天马行空地发挥无限的想象力，富有创造力，让婴幼儿对阅读产生兴趣。

(4) 注重婴幼儿的年龄特征

婴幼儿在每个年龄阶段具有不同的阅读特征。特别在 2 周岁前，婴幼儿年龄小，在选择图书时还应注重图书的趣味性和完好性，如塑料的“洗澡书”可以让婴幼儿在洗澡时边玩边看。“布书”也是不易撕坏的，比较适合这个阶段的婴幼儿。“立体书”可以展开成立体模型，可引起婴幼儿的兴趣和好奇心，激发婴幼儿的想象力和动手能力。“毛毛书”使婴幼儿通过触觉来认知，引发阅读的兴趣。

(5) 纸张、印刷、装订等整体品质

尽管婴幼儿读物有了很大的发展，仍不能杜绝某些唯利是图的商人用劣质图书来损害婴幼儿，某些图书语句不通，错别字连篇，图画绘制粗糙，大量的卡通漫画语句支离破碎，有的甚至充满暴力。因此，在为婴幼儿选择图书时应该特别留心：是不是正版图书，色彩是否淡雅协调，人物形象是否活泼可爱，语言是否规范，文字的排列是否疏朗及有韵律感，纸质是否挺括，印刷是否精美，装帧是否结实牢固等。总之，婴幼儿图书从外表到内容都应该是精美的，给人以赏心悦目的感觉。

2. 不同年龄段婴幼儿图片与图书的呈现方式和注意事项

(1) 不同年龄段婴幼儿图片与图书的呈现方式

1 岁以内的婴儿，处于吃书撕纸的阶段，选择布书，内容以认知为主。

1 岁左右，选择纸张比较柔韧，版面大且色彩鲜艳明亮、每页一句话、造型简洁、准确的书。内容可以是认识颜色、大小、形状等，或者每本只有两个简单有趣的小故事。目的在于促进婴幼儿视觉能力、认知能力的发展。

1~2 岁，仍以图为主，画面可以复杂一些，但造型一定要准确，否则容易误导婴幼儿，造成错误的第一印象。内容可以是日常事物、物品和一些简单的自然现象的分辨。目的在于引导婴幼儿多看一些色彩明快并配有短句或词汇的图书，这不仅可以纠正婴幼儿的语病，丰富他们的词汇，同时还能开阔他们的视野。

2~3 岁，文字内容可更丰富，页面可更复杂，画面也可以抽象一些，只要抓住特点，卡通变形也可选择。因为，此时婴幼儿已基本上能掌握事物的主要特征，不再容易被误导，抽象的画面能增强他们的想象力，丰富语言表达方式，增加见识。

（2）选择图书的注意事项

1）纸张不能太白。用白色纸张印制的图书外观很漂亮，印刷很精美，但读起来眼睛却很容易疲劳。这是因为，纸张过白，一是会增加颜色的对比度，二是反射光线过强，会过度刺激视觉神经，容易引起视觉疲劳。如果图书纸张看上去十分刺眼，或者看了不到 10 分钟眼睛就感觉累了，那纸张颜色肯定是不合适的。

2）没有反光。好的婴幼儿图书，色彩柔和，接近自然色，反光不能太强烈。反光越厉害，眼睛受到的刺激越强，眼睫状肌处于过度收缩的状态，眼睛特别容易疲劳，时间长了就会形成功能调节性近视。

3）色彩柔和。婴幼儿的视觉需要刺激，但如果认为鲜艳的颜色就是对视觉的刺激，那就大错特错了。婴幼儿看惯了色彩太重、太鲜艳的颜色，以后对自然颜色的分辨力就会减弱。现在市场上图书的纸张颜色变化多样。一些艳丽的颜色，如红色、绿色等能引起读者的阅读欲望，但长时间阅读眼睛会感到疲劳。所以，图书纸张的颜色还是以柔和的色调为好，如淡黄色、淡粉色等，这些颜色在阅读时不易很快引起视觉疲劳。

4）画面不要太细。成人愿意看精细的画面，而婴幼儿图书的画面却不能太细太复杂，字也不能太小，否则婴幼儿看起来很吃力，会不自觉地睁大眼睛，凑近图书，时间长了会影响视力。

从医学的角度讲，婴幼儿出生后，视力发育还没有成熟，视力发育直到 5 岁才完成。5 岁时，婴幼儿的正常视力也只能达到 0.8～1.0。在视力发育阶段，一定要注意保护婴幼儿的视力，不能让他们看太精细的东西，所以，字大一些、画面简单一些为好。

5）注意装帧质量。

看：看书的装帧。平装书的纸不能太硬、太薄，否则容易割破婴幼儿的手。可选择书角有包角或者圆角的图书，否则坚硬锐利的角容易戳伤婴幼儿。

闻：闻书的味道。有的图书出版者为了追求图书的外观和手感，使书看起来更漂亮，摸起来更有质感、更真实（如书里讲到贝壳，就做成摸起来像贝壳的质感），制作时添加了一些化学物品，如果所用的材质不安全，就会对孩子的身体造成伤害。一般来说，有害的物质闻起来会有刺鼻的味道，购买时可以先闻一闻决定是否购买。

婴幼儿图书如图 3—18 所示。

● 图 3—18　婴幼儿图书

学习单元 2　为婴幼儿选择发展听和说能力的有声读物

学习目标

- 了解婴幼儿听赏有声读物的特点
- 掌握不同年龄段婴幼儿有声读物的选择要求
- 能为婴幼儿选择发展听和说能力的有声读物

知识要求

一、婴幼儿听赏有声读物的意义和特点

1. 婴幼儿有声读物的定义

有声读物就是有声音的书，有声读物是传统图书的一种衍生形式。它是随着声磁技术的发展而开发出的一种以磁化物为载体并带有播放功能的书。常见的婴幼儿的有声读物通过电视、录音机、DVD 等多媒体传送给婴幼儿。这些读物以磁带、光盘、计算机软件等为载体，富于节奏和韵律。几乎任何形式的婴幼儿作品都可以录制成视听读物，即使是儿歌、故事也配有适宜的音乐，深受婴幼儿喜爱。

有声读物区别于平面读物之处在于：它是有声的，它的画面是有动感的。有声读物区别于一般电子故事书之处在于：它的配音是经过精心设计的，具有指导性，它具有一定的互动性。有声读物区别于动画片之处在于：它的动态效果相对简单，只起到点睛的作用，速度慢；它以图书阅读的形式展现，凸显阅读的意义。

2. 有声读物对婴幼儿语言发展的意义

有声读物通过各种不同的美妙声音，可以刺激婴幼儿的听觉，激发婴幼儿的兴趣，在充分调动婴幼儿眼、耳、手、口、脑五大器官的协同效应中，达到开发婴幼儿智力、激发大脑潜能、锻炼婴幼儿动手能力、培养良好阅读习惯的目的。

与此同时，有声读物减少了家长们负担，不需要家长给婴幼儿重复讲一个故事，使教育的效率大大提高了。人们主要通过看、听两个途径了解外界的信息，而在语言教育上听觉占的比例更大。将视觉和听觉剥离开来教给婴幼儿，不如有声读物效果好。有声读物中丰富的声音和书上鲜艳的画面正好给了婴幼儿听觉和视觉上的双重刺激，有助于婴幼儿早期语言教学的规范化。婴幼儿善于记忆形象的事物，对抽象的名词较为不敏感，而有声读物恰能很好地将两者结合，从而达到提高婴幼儿理解力和记忆力的双重目的。另外，有声读物还为婴幼儿创造了一个良好的视听环境，在促进婴幼儿语言发展的同时也加强了他们的观察力。

3. 婴幼儿听赏有声读物的特点

近年来，研究结果表明，婴幼儿听赏有声读物有助于婴幼儿学说话和促使其天生的理解力得以充分发展。10 个月的婴儿已经能感知屏幕上播放的内容，但由于此时他们尚未学会说话，故很难确定他们的智力反应。1 岁婴儿的注意力能使其目光在屏幕上停留较长时间。18 个月的婴幼儿能理解屏幕内容，这使他们接受一本带插图的有声读物成为可能。听赏有声读物时，最好能有成年人在旁，边看边给婴幼儿讲解。1～2

岁的婴幼儿所理解的，要比他用语言表达的多得多。另外要注意，他们能接受一个个慢慢调换的镜头，而很难接受快镜头。

二、婴幼儿有声读物的选择

1. 婴幼儿有声读物选择的原则与要求

(1) 有声读物的声音和图像都要清晰，以免婴幼儿的视力和听力受到损害。优质的图像、悦耳动听的语音、抑扬顿挫的语调、悠扬或欢快的音乐，更能吸引婴幼儿，使婴幼儿乐于模仿、容易模仿。

(2) 有声读物以听力读物为主

看 DVD 与看电视实际上并无多大差别，婴幼儿处于被动状态且会影响视力，连续观看的时间不宜过长，所以，尽管生动活泼的动画形象很吸引婴幼儿，但仍然要加以限制。听力读物则没有这些顾虑，可以随时播放给婴幼儿听。听力读物可选择的内容非常广泛，儿歌、故事、歌曲，甚至外语均可。

2. 不同年龄段婴幼儿有声读物的呈现方式

(1) 不同年龄段婴幼儿有声读物的呈现方式

1 岁以内婴儿的有声读物以悦耳的音乐、简短的配乐儿歌、歌曲为主，让婴儿获得练习听音和发音的机会。这是婴儿接收和传递信息的重要条件之一，他们在听到别人和自己的声音后，会不断地对比和调整自己的发音，这能帮助婴儿建立言语听觉和言语动觉之间的关系，从而学习说话。同时，这些声音还给婴儿心灵一种安全感，使其尽快地建立起一种与人亲近的关系。

词汇的学习在 1～3 岁之间尤其重要。婴幼儿的思维是具体、直观和形象的，只能在视、听、触摸客观事物的基础上去认识事物、学习词汇。1～3 岁婴幼儿的有声读物可以增加有趣的童谣，主题单一、情节简单、有幽默感的小故事，让婴幼儿感受语言、学习语言，不断积累语言经验。

(2) 注意事项

1) 应选择一些色彩鲜明，内容具体简单而又生动有趣，以贴近婴幼儿生活经验为主，利于婴幼儿理解的有声读物。

2) 应选择简明、易上口，配有活泼欢快的背景音乐的有声读物，并且能有重复的句段，符合 1～2 岁的婴幼儿喜欢重复的特点。

学习单元3 婴幼儿听说游戏

学习目标

- 了解婴幼儿听说游戏活动的目标与内容
- 掌握婴幼儿听说游戏活动的特征与类型
- 能与婴幼儿一起玩听说游戏

知识要求

一、婴幼儿听说游戏的目标与内容

1. 听说游戏活动的定义

听说游戏是用游戏形式组织的语言教育活动，是一种由育婴员设计组织的，婴幼儿有兴趣自愿参加的语言教学游戏，具有活动和游戏的双重性质。

2. 婴幼儿听说游戏活动的目标

（1）在听说游戏中培养婴幼儿的口语表达能力

在参与听说游戏的过程中，婴幼儿需要自觉地参与规范语言的学习，其中包含复习巩固发音、扩展练习词汇、尝试运用句型。

（2）在听说游戏中提高婴幼儿积极倾听的水平

听说游戏是婴幼儿进行语言学习的平台，婴幼儿在形象、生动、有趣的听说游戏中，更容易产生学习语言的主动性与自主性。因此，以游戏的方式组织的听说游戏活动，对婴幼儿积极倾听能力的提高具有特殊的作用。

3. 婴幼儿听说游戏活动的内容

听说游戏活动的内容主要集中在婴幼儿对听和说的理解和表达方面。

二、婴幼儿听说游戏活动的特征与类型

1. 婴幼儿听说游戏活动的基本特征

（1）游戏性

将语言学习融入生动活泼的游戏中。将发展婴幼儿听音、辨音、模仿成人发音和理解成人语言能力等不同阶段语言发展要求以游戏的形式予以落实。

（2）生活性

将语言学习和生活内容有机结合。要在照料婴幼儿喝奶、穿衣、大小便、洗澡、睡觉等一系列活动中，多和婴幼儿进行听和说游戏活动。

（3）活动性

听说游戏活动兼有活动和游戏的双重性质，进行时要从活动入手来安排内容，逐步扩大游戏的成分，最后随着婴幼儿熟悉水平的提高变成自主进行的游戏。

2. 婴幼儿听说游戏活动主要类型

听说游戏是一种特殊形式的语言学习活动，它侧重于培养婴幼儿语言的快速反应能力和理解能力。主要包含：

（1）语音练习游戏

语音练习游戏是以练习婴幼儿正确发音，提高婴幼儿辨音能力为目的一种游戏活动。

（2）词汇练习的游戏

词汇练习的游戏是以丰富婴幼儿的词汇和正确运用词汇为目的一种游戏活动。

（3）句子练习的游戏

句子练习的游戏通过专门、集中的学习活动引导婴幼儿把握某一句法特点规律的游戏活动，该游戏重在实践，适合 2.5 岁以上婴幼儿。

（4）描述练习的游戏

描述练习的游戏是以训练婴幼儿通过运用较连贯的语言来形象生动地描述事物，并以提高语言表达为目的。

3. 不同年龄段婴幼儿听说游戏活动的形式与要求

（1）0～1 岁

帮助婴儿学习辨别亲近的人的声音，呼其名字有反应；用简单的词和指令刺激婴儿用表情、动作、语音等做出相应的反应（如指认五官等）。

1）辨认图片。利用简单的童书、绘本，引导婴儿认识常用的物品名称与身体部位。与婴儿对话时，说话速度要尽量放慢，语调起伏丰富一点，并可搭配夸张的表情与肢体动作，吸引婴儿目光，让他们对语音与物品产生联想与记忆。

2）儿童歌曲带动唱。育婴员可以选择旋律轻快、简单的儿童歌曲，也可以自编带动唱，增加与婴儿的互动。甚至可以替换歌词，如关键词可改成婴儿的名字，并且让婴儿在唱到自己名字时指自己。

（2）1～2 岁

鼓励 1 岁左右的婴幼儿模仿成人的单词或短句，学着称呼人，用单词句表达自己的需求。鼓励2岁的婴幼儿学用简单句（双词句）表达自己的需求，说出自己的名字。

1）介绍生活事件与物品。在为婴幼儿介绍生活中的各个细节时，带动作很重要。育婴员可以在做动作的时候顺便讲解给婴幼儿听，如换尿布、丢垃圾、吃饭、洗手等每天都会遇到的生活细节，都可以边做边解释，反复聆听也将加深婴幼儿的印象。

2）找一找，说一说。摆出娃娃、车子、杯子等物品，以口令方式，指挥婴幼儿指认物品并拿起。待婴幼儿熟悉物品名称后，可改让他自己选出物品，并鼓励他做出对该物品的认知动作，如飞机会飞高高，茶杯可以装水喝等。

(3) 2～3岁

鼓励婴幼儿学用普通话大胆表达自己的需求，理解并乐意执行成人简单的语言指令，学习讲述简单的事情和学讲故事、念儿歌。

1）学声音。育婴员可以制造各种声响，让婴幼儿在感知不同声音的同时，学习对话。如敲门声："咚咚咚""谁敲门？打开门，看一看""你是谁？你找谁？""我是×××，我找×××"。也可以将敲门声改成脚步声、电话铃声等，育婴员和婴幼儿可以轮流问答。

2）传话游戏。在空旷房间内，2名育婴员各站一边，让婴幼儿在中间传话。如一名育婴员附在婴幼儿耳朵悄悄说："我想吃糖果。"让婴幼儿传话给另一名育婴员。当另一名育婴员接收到讯息后，大声说出答案。如果答案正确，这时可给一些贴纸当作奖励。待婴幼儿熟悉游戏后，可适时变化句子长度与丰富性，增加游戏复杂度。

3）看动作说话。育婴员做刷牙、洗脸等动作，让婴幼儿猜一猜，并说出完整的一句话。也可以让婴幼儿做动作，育婴员说句子。

技能要求

与婴幼儿一起玩听说游戏

一、创设游戏情境，激发婴幼儿听和说的兴趣

1. 场景准备

在听说游戏刚开始时，育婴员需要运用一些手段去设计游戏的情景。如用物品、用动作，或用语言创设游戏情景，向婴幼儿展示听说游戏的氛围，引发婴幼儿参与游戏的兴趣。

2. 物品、材料准备

物品、材料的准备能直观地体现听说游戏的氛围，调动婴幼儿参与游戏的兴趣，因此，材料需生动、形象，以实物为佳，图片需鲜艳，能引起婴幼儿的注意力。以活动“拇指小人”为例，物品、材料准备为彩纸做的大、小拇指套各一只。

3. 语言引导

育婴员的语言要规范，应使用普通话，引导的内容应形象、生动、夸张，形式可以是儿歌童谣等，如活动“拇指小人”，育婴员一边念一边帮助婴幼儿做动作，“小拳头里静悄悄，拇指小人藏猫猫。小人小人快出来，出来吓你一大跳”。

二、介绍游戏玩法与规则

1. 讲解、示范，明确游戏玩法

这一步骤实际上是育婴员向婴幼儿布置任务，讲解要求，引导婴幼儿理解游戏规则。育婴员在交代游戏规则时需要注意以下三点：一是注意用简洁明了的语言讲解；二是注意讲清楚听说游戏的规则要点和游戏的开展顺序；三是注意用较慢的语速进行讲解和示范。例如，拇指小人出来后，婴幼儿要说出它是谁，有什么本领等。

2. 婴幼儿模仿，理解游戏规则，育婴员指导

婴幼儿模仿游戏时，育婴员可以放手让婴幼儿自己活动。此时，育婴员已从游戏领导者的身份退出，处于旁观的地位，观察婴幼儿的情况。如果婴幼儿不熟悉规则，育婴员可以进行及时的指导点拨，帮助其游戏，注意解决游戏中可能出现的问题，从而促使婴幼儿更加主动积极地活动。

三、注意事项

1. 可以让婴幼儿坐在育婴员面前，或坐在育婴员腿上。

2. 在听说游戏时，育婴员要用形象的动作和夸张的表情等鼓励婴幼儿，激发婴幼儿游戏的兴趣。

3. 育婴员语言要正确、规范，有利于婴幼儿语言能力发展。

4. 在游戏过程中，当婴幼儿出现错误时，育婴员不要急于去纠正，不要打断他们的话，更不要重复他们错误的说法，要耐心引导婴幼儿把话说完，给他提供正确的说法。否则会打击婴幼儿的积极性和自信心，造成语言发展的真正障碍。

学习单元4 婴幼儿节律游戏

学习目标

- 了解婴幼儿节律游戏的目标与内容
- 掌握婴幼儿节律游戏的特征与类型
- 能与婴幼儿一起玩节律游戏

知识要求

一、婴幼儿节律游戏的目标与内容

1. 节律游戏的定义

节律游戏是指借助音乐，以有节奏的韵律、舞蹈、歌表演等形式开展的游戏活动。

2. 婴幼儿节律游戏活动的目标

婴幼儿节律游戏活动旨在提高婴幼儿对节奏和韵律的敏感性，激发听音乐、探索旋律和节拍的兴趣，促进想象力的发展，获得自由表现的快乐体验。因而，节律活动能促进婴幼儿的身体运动能力与协调性的发展，提高语言理解和表达的能力，还能提高婴幼儿对音乐的感受力、表现力和创造力，陶冶和愉悦情绪。

3. 婴幼儿节律游戏活动的内容

婴幼儿节律游戏是一种综合性较强的活动，包含众多因素，按其侧重点不同可分为韵律、舞蹈、歌表演等。

二、婴幼儿节律游戏活动的特征与类型

1. 婴幼儿节律游戏活动的基本特征

（1）0～1岁婴幼儿参与节律游戏活动的方式主要是听音乐

在听音乐的过程中，婴幼儿感受音乐艺术动听的旋律美，吸取音乐艺术内涵的高雅情趣。音乐艺术的熏陶感染有助于婴幼儿听觉能力的发展，特别是比一般听觉能力

更为精细的音乐听觉能力，如辨别音准的听觉能力、感受音乐情趣的音乐感受能力、在头脑里留有音乐印象的音乐记忆能力、对音乐内涵的领悟能力等。

(2) 婴幼儿的节律游戏活动与身体动作发展密切联系

德国著名的音乐家教育家奥尔夫说过，“音乐教育开始于动作”。动作是婴幼儿表达和再现音乐的一种最直接而自然的手段。6 个月左右的婴儿就能用摇晃身体等动作来表示对音乐的反应。1 岁半左右的婴幼儿能对节奏感强烈的音乐做出有节奏的动作反应。2 岁以后，不同类型的身体动作不断增加，伴随着音乐，婴幼儿动作的节奏感和身体自控能力也不断增强，出现了舞蹈的愿望。

(3) 婴幼儿的节律游戏活动与语言活动有机整合

随着孩子的成长发育，18 个月的婴幼儿能有节奏地说儿歌、唱歌，并随音乐做一些韵律活动。在说儿歌、学唱歌、做韵律活动的过程中，婴幼儿感知音乐节奏的乐趣，获得用歌声和动作抒发感情的乐趣，并获得参与音乐活动的技能和艺术表现能力。

2. 婴幼儿节律游戏活动主要类型

(1) 日常生活中的练习

婴幼儿的节律游戏活动与婴幼儿动作发展、语言发展有密切联系，因而可以利用日常生活环境给予不断的刺激和影响。

根据婴幼儿每天的生活内容选择合适的音乐，在婴幼儿进餐、睡眠、活动、休息等时段播放，能使婴幼儿形成条件反射，养成良好的生活习惯。在婴幼儿吃奶或入睡前可以播放轻柔的音乐，如摇篮曲等；在婴幼儿起床后，可以播放明朗、欢快的音乐，如民乐《步步高》等；在婴幼儿活动、玩耍时，可以播放节奏轻快的音乐，如《玩具圆舞曲》等。也可以根据婴幼儿情绪类型选择适宜的音乐，如当情绪烦躁不安时，可以听一些亲切、活泼、有趣的音乐，帮助婴幼儿稳定、调剂情绪，激发愉快的情绪；当婴幼儿玩得兴奋，需要安静时，可以播放柔和音乐，给婴幼儿创造安静休息的心境。

配合婴幼儿生活的音乐曲目宜固定，在 1～2 个月内，相对稳定地听一组音乐，给婴幼儿有一个感受、记忆音乐的过程。婴幼儿早期听音乐留有的音乐印象，对其以后学习、感受音乐将产生一定的影响，因此，为婴幼儿选择什么样的音乐是非常重要的。

(2) 专门的节律游戏活动

每周安排 1～2 次专门的节律游戏活动。育婴员可以根据婴幼儿月龄的不同，选择合适的律动活动内容，与婴幼儿一起听赏、观赏、游戏。也可以将不同内容结合起来，进行综合性的节律活动。如将儿歌与律动结合起来，让婴幼儿边念儿歌边做动作，培养婴幼儿有节奏地说话；将唱歌和舞蹈结合起来，让婴幼儿边唱边表演，培养婴幼儿运用动作和语言表现音乐形象的能力。

3. 不同年龄段婴幼儿节律游戏活动的形式与要求

(1) 0～1 岁

对熟悉的音乐有愉快的情绪反应，跟着音乐节律随意摆动身体。

婴幼儿出生后即可以进行节律游戏活动，主要以生活配乐及简单的歌曲和乐曲为主。给他们选听一些优美、动听、和谐、高雅的音乐，以熏陶、感染的方式，培养他们开朗、活泼、健康的性情和品格。育婴员可以随教育的需要，选听一些不同风格、不同情绪的音乐，丰富婴幼儿的感受。但是要特别注意给婴幼儿听音乐时，音响要清晰、纯净、好听，音量要适中和稍弱，一次连续听音乐的时间不要太长，每次连续听音乐不超过 15 分钟，可休息一会儿再听。长时间、大音量地听，不但对孩子的培养无益，还会使孩子听觉疲劳，损伤婴幼儿的听觉。

(2) 1～2 岁

感受音乐节奏带来的快乐，跟着音乐有节律地做肢体动作、模仿动作，跟唱简单的歌曲。

1～2 岁的婴幼儿，开始学习说话、走路，参与节律游戏活动的内容与形式可以拓宽。在听音乐的过程中，可以增加一些节奏鲜明、短小活泼的歌曲或乐曲，让婴幼儿随音乐合拍地做拍手、招手、摆手、点头等动作，然后逐步增加踏脚、走步等动作。婴幼儿手的动作发展比脚的动作要早、快而灵活。因此，先让婴幼儿随音乐合拍地练习手的动作，然后再练习踏脚、走步等脚的动作。练习手、脚动作的合拍、协调，能让婴幼儿感知音乐节奏的快乐，使他们手脚动作灵活、协调、优美。随着婴幼儿语言能力的发展，可以训练他们有节奏地说儿歌，也可以拍着节奏说歌词，在会说歌词的基础上，随育婴员学唱适合婴幼儿歌唱能力的歌曲。

(3) 2～3 岁

跟着音乐唱唱跳跳，用声音、动作等多种方式表达自己的感受。

为 2～3 岁婴幼儿选择适合其理解、感受能力和演唱、表达能力的歌曲。如反映他们生活和他们能理解的事物，能感受的情绪情感。歌曲要篇幅短小，节奏简单、易唱，音域在六度以内，定调适合婴幼儿的歌唱能力，歌词简练、上口、易懂、有趣味，旋律优美、动听，能表达孩子的情趣。

技能要求

与婴幼儿一起玩节律游戏

一、操作准备

1. 音乐的选择

可选用单一的歌曲或乐曲，也可按需要将歌曲和乐曲有机组合成多个乐段作为

游戏音乐。在选用音乐时，首先考虑音乐是否具有游戏化特点，是否潜藏着可以利用的游戏规则。如“熊与石头人”，歌曲最后一句“要是大熊走过来，大家可别乱动”预示着游戏情节的发展和规则的产生。但音乐是否具有游戏性，关键在于育婴员是否善于捕捉音乐中的游戏元素，根据音乐中的提示展开想象，设计出有创意的音乐游戏。

另一种方法是先设计好游戏内容，再寻找合适的音乐。可根据预定的活动目标确定游戏类型，按类型特点设计游戏方法与规则，然后选择与游戏内容相匹配的音乐。如“小雪花”游戏以训练婴幼儿的想象力为主要目的，属益智性游戏。可先设计好雪花飞舞、融化、入流这三个环节，再根据每个环节的动作特点选择不同的音乐。

2. 动作与游戏内容的选择

(1) 强调趣味性。可以从婴幼儿好动、喜模仿、善想象、爱创造等身心发展特点入手，去挖掘音乐游戏的趣味性。婴幼儿的兴趣是检验游戏趣味性的最好标尺。

(2) 符合年龄特点。不同年龄的婴幼儿有不同的要求，符合年龄特点的动作创编与内容选择，才会真正地被婴幼儿认可、吸收。

(3) 体现规则性。凡是游戏都有规则，节律游戏也不例外。在节律游戏中，其规则如何恰到好处地体现，是值得推敲的，要根据特定的内容、情节和目的来制定。如“许多小鱼游来了”游戏，一定要唱到“捉牢”时才能收网，而“小鱼”不能在网前停留。婴幼儿一般害怕过这道关口，在游戏中，规则能制约婴幼儿的行为，让他们变得勇敢、有自控力，使他们的个性、品质朝着积极的方向发展。

(4) 突出歌舞性。在创编音乐游戏时，最好选用游戏性歌曲，歌曲的内容和意境蕴涵游戏化特点，让婴幼儿边唱边玩，更有乐趣。在律动、舞蹈动作的设计上，尽量让婴幼儿即兴发挥，创造出各种生动形象的肢体语言。

3. 游戏环境和材料的准备

在节律游戏刚开始时，游戏环境的创设要富有情境性、趣味性。如场景的创设要符合活动内容，体现出情节性，便于婴幼儿更早地进入游戏情境。材料准备要实用，便于婴幼儿操作，角色扮演等材料要逼真、有童趣，引发婴幼儿参与游戏的兴趣。

二、活动项目

【活动 1】三轮车

适合年龄：0～6 个月。

方式：小脚、小手做运动。

教具：音砖、响板、铃鼓。

歌曲：三轮车

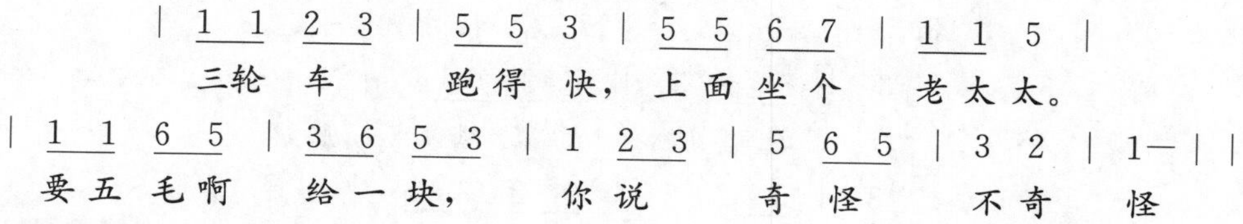

| 1 1 2 3 | 5 5 3 | 5 5 6 7 | 1 1 5 |

三轮 车 跑 得 快，上 面 坐 个 老 太 太。

| 1 1 6 5 | 3 6 5 3 | 1 2 3 | 5 6 5 | 3 2 | 1— ||

要 五 毛 啊 给 一 块， 你 说 奇 怪 不 奇 怪

活动过程：

(1) 育婴员协助婴儿以手当三轮车的踏板，随着音乐的速度转动。

(2) 熟练后，将婴儿放平，育婴员将婴儿的脚调整成屈膝，配合歌曲的速度做踩脚踏车的样子。

【活动 2】一个拇指动一动

适合年龄：6 个月～1 岁。

方式：歌唱＋律动。

歌曲：一个拇指动一动

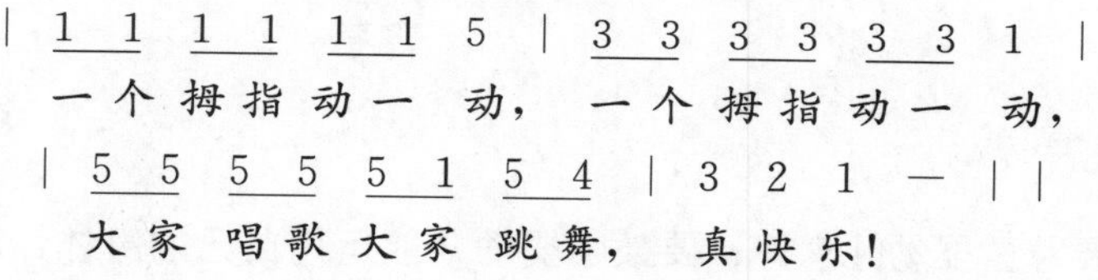

| 1 1 1 1 1 1 5 | 3 3 3 3 3 3 1 |

一 个 拇 指 动 一 动， 一 个 拇 指 动 一 动，

| 5 5 5 5 5 1 5 4 | 3 2 1 — ||

大 家 唱 歌 大 家 跳 舞， 真 快 乐！

活动过程：

(1) 协助婴儿依据歌词内容做活动。

(2) 熟练后，可替换成“一只手臂甩一甩”“两只小脚跳一跳”等。

【活动 3】跷跷板

适合年龄：1～2 岁。

方式：念童谣＋做动作。

跷跷板，真好玩，你上天时我落地，小小朋友不淘气。

跷跷板，真好玩，你落地时我上天，小小朋友不翻脸。

活动过程：

(1) 育婴员以面对面的方式抱着婴幼儿，轮流做高低的动作。

(2) 育婴员抱起或放低婴幼儿。

【活动 4】看样学样

适合年龄：2～3 岁。

方式：律动＋表演。

歌曲：看样学样

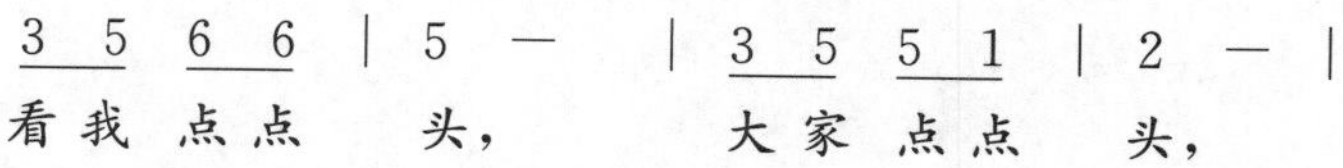

3 5 6 6 | 5 — | 3 5 5 1 | 2 — |

看 我 点 点 头， 大 家 点 点 头，

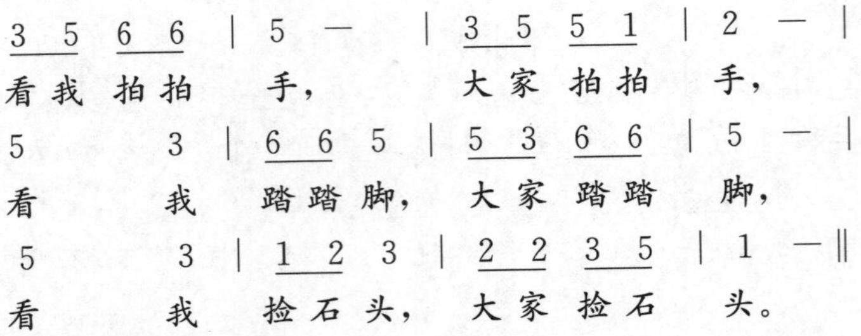

3 5 6 6 | 5 — | 3 5 5 1 | 2 — |
看我拍拍 手， 大家拍拍 手，
5 3 | 6 6 5 | 5 3 6 6 | 5 — |
看 我 踏踏脚，大家踏踏 脚，
5 3 | 1 2 3 | 2 2 3 5 | 1 —‖
看 我 捡石头，大家捡石 头。

道具：一只篮子里放些石子。

活动过程：

(1) 育婴员边唱边做动作，在唱到最后一句时，在篮子里捡 1～2 颗石子，唱完后问："我捡了几颗石子？"请婴幼儿回答。

(2) 育婴员重复演唱，引起婴幼儿的兴趣，让婴幼儿跟着一起唱。

(3) 听录音，让婴幼儿和家人一起边唱边做游戏。

(4) 等到旋律和游戏方法熟悉后，育婴员可以让婴幼儿将歌词和动作的内容进行改编。

三、注意事项

1. 育婴员要尊重婴幼儿意愿，要鼓励婴幼儿能运用自己的身体、动作去表达、表现，不规定动作方式。

2. 在节律活动中，育婴员可根据婴幼儿月龄和活动内容，适当运用一些道具，以增加婴幼儿活动情绪，并更好地表达音乐的意境。

3. 唱歌、念儿歌时，育婴员应保护好婴幼儿的嗓子，提醒其不能喊叫。

4. 虽然节律游戏以婴幼儿为主导，但婴幼儿的创编与表现能力离不开育婴员的循循善诱，育婴员可以根据表现对象的典型特征进行艺术夸张，根据音乐的风格特点、音乐所提供的物象和情景编配相应的动作。在动作的启示和示范中，育婴员要注意自己动作的美感，表情自然。

第 3 节 婴幼儿认知活动指导

学习单元 1 婴幼儿认知游戏

学习目标

- 掌握婴幼儿认知发展特点
- 掌握婴幼儿认知游戏的作用与注意事项
- 能陪伴婴幼儿玩分类、配对、排序、数的游戏

知识要求

认知是个体对客观世界的认识。人的认知主要包括高级的心理过程，如思维、想象、创造、智力、推理、概念化、符号化、问题解决等。认知发展，就是指一个人在知觉、记忆、想象、思维等方面的发展。婴幼儿出生后即开始认识世界，3 岁前是认知发展的最早阶段。

一、婴幼儿认知的发展

0～3 岁婴幼儿主要处于感知运动阶段和前运动阶段初期，其认知特点与成人不同。新生儿并不具备成人所特有的各种认知过程，最初只有感知觉和原始的记忆与注意，婴幼儿对世界的认识，是从感知觉开始的。一般来说，到 1 岁半左右，才出现想象和最初的思维。2 岁才有完整的认知过程。

1. 注意

一般认为，注意是在婴儿出生后 2～3 周左右开始发生的，即在感知觉发展的基础上，出现视觉和听觉集中的时候。婴儿的注意表现为捕捉行为（注视、倾听、嗅闻等各种感觉器官对外界事物的指向活动）、搜寻行为（扫视、视听追踪、辨别、寻找某些

刺激物的主动过程)、注守或警觉行为。婴儿的注意有以下几个特征：

(1) 不稳定性

在婴儿注意发展初期，只有无意注意，没有有意注意，注意力不稳定，容易转移。如一会儿看看这，一会儿摸摸那，只要给他另一个玩具，马上会丢掉手中的玩具。

(2) 偏好性

婴儿的注意表现出一定的偏好，如 0～3 个月的婴儿更加喜欢曲线、规则图形、轮廓密度大的图形、对称的物体等。婴儿对客观事物的注意力能否集中，在很大程度上取决于对注意的对象有无兴趣，有兴趣的就会较长时间关注。

(3) 短时性

婴幼儿注意的时间很短。研究表明，8～12 个月的婴儿注意时长一般为 1～3 分钟；1～2 岁婴幼儿在成人的提示下，能集中注意力 4～5 分钟；2～3 岁婴幼儿能达到 10～15 分钟。

2. 记忆

最初的记忆表现在新生儿能够区别熟悉的声音和不熟悉的声音。婴幼儿的记忆一般要经历三个过程：感知—认识—再现。“感知”是婴幼儿首先对事物的外表获得初步的印象；“认识”就是在感知的基础上，获得对事物特征及作用等方面的理解，从而在大脑里留下该事物的印记；“再现”就是对印记的事物能够回忆出来。

由于婴幼儿大脑还未发展成熟，抽象思维的能力还比较弱，加上他们一般来说很少有再记忆、再现的任务。因此，婴幼儿的记忆有着自己的特点：

(1) 无意性

整个婴幼儿时期占优势的记忆形式是无意记忆，婴幼儿所获得的许多知识都是通过无意记忆得来的，他们在实际生活中无意识地跟着成人记住了大量的语言符号、故事儿歌等。

(2) 趣味性

婴幼儿对于那些和他们的生活实际关系不大、不感兴趣的事物是不注意的。最容易记住的是当时对他们具有积极意义的、有趣味的信息。例如，婴幼儿喜欢听故事，他们的注意力会不知不觉地被生动的故事情节所吸引，在这种状况下听到的故事情节他们一般都是能很好地记住。

(3) 形象性

形象、直观的事物容易引起婴幼儿的兴趣和记忆，他们能较好地认识物体和图画；能较好地识记形象的、在他们的情绪上起作用的故事和叙述，而那些抽象的概念和推论，由于还不能很好地理解，因而也就很难引起记忆的兴趣。因此，婴儿的记忆主要是依靠形象、直观的感觉。

(4) 短时性

婴幼儿期记忆的保持时间较短。1 岁左右只能保持几天，2 岁时则发展到保持几个星期，到了 3 岁以后逐渐发展到几个月甚至半年多。因此，婴幼儿往往是学得快，忘得也快。成人要学会用有趣、巧妙的方法，时常对婴幼儿学习过的东西进行复习，以唤起记忆的再现。

(5) 选择性

婴幼儿对于他们所经历过的事情，其记忆的速度和牢固程度是不相同的，对有些事物可以一下子记住，而且以后也不容易忘掉；而对于另一些事物则反复多次也记不住，这是一种正常的心理现象。

(6) 潜在性

在生活中，可以看到一个令人难以置信的现象：婴幼儿有时对他们当时经历的事情很难记住或记完整，但隔了一段时间后，往往能十分清晰和比较完整地回忆起来，这就是记忆的潜在性。

3. 想象与思维

假装游戏是想象力发展的重要标志，婴幼儿 1.5～2 岁，想象开始发生，这时出现最初的假装游戏。假装游戏越复杂，说明婴幼儿的想象力越丰富。相反，假装游戏越简单，婴幼儿的想象力就越贫乏。

1 岁半以后，婴幼儿开始玩假装游戏。2 岁前，婴幼儿的假装游戏比较简单，基本没有什么创新的成分，大多是生活的简单重复，与周围人群的生活没有什么联系。

到了 2 岁，婴幼儿的假装游戏加入了一些比较复杂的内容，他们可能通过观察与思考，慢慢尝试概括自己或他人日常生活中的一些行为，再将这些行为加入到自己的假装游戏中去。例如，婴幼儿会学着妈妈的模样，拿起一个玩具电话，对着话筒说："喂！你好！你是谁呀?"然后进行一番听起来十分有趣，但是不见得合乎逻辑的"对话"，最后，他也会煞有介事地跟对方说"再见"，并挂断电话，结束他的通话游戏。

过了 2 岁，婴幼儿对周围发生的事物有了更多的理解，假装游戏也因此变得越来越复杂。例如，婴幼儿会把任何其他物品当成电话，将它拿起来开始打电话的游戏。他们不再满足于给玩具娃娃喂上一口饭，或者简单地拍拍玩具娃娃哄她睡觉，他们很有可能像模像样地洗菜、切菜、烧菜，并将烧好的菜放在盘子里，再将美食喂进娃娃的小肚子。

在想象发展的同时，思维开始出现。思维是人类特有的认知活动。这时，婴幼儿有了最简单的概括和推理。思维是大脑对客观现象的概括反应，包括概念形成、判断和推理，即先通过分析、综合、比较、抽象和概括，形成各种概念。再用许多概念来组成判断，用判断来推理，产生思想。思维是智力发展的核心，是获得新知识的必经途径。

4. 空间知觉

空间知觉是对客观世界三维特性的知觉，具体指物体大小、距离、形状和方位等在头脑中的反映，包括形状知觉、大小知觉、深度与距离知觉、方位知觉等。婴幼儿的空间方向感发展是由平面到立体的。空间方位知识是从空间知觉开始的，而婴幼儿空间知觉能力的发展往往与身体位移有很大的关系，最初的爬行促进了婴幼儿空间知觉能力的发展。自主爬行可以使婴幼儿注意到移动过程中自身和周围环境相对位置的变化，增强了婴幼儿在空间中的个人相对位置的判断力。因此，通过身体运动直接体验空间方位是很重要的。有的婴幼儿之所以经常磕碰，就是由于他们探测空间的能力还有待完善，而爬、走、跑等位移动作恰好能发展和巩固婴幼儿的空间感知力和协调性。

人在婴幼儿时期，是用听觉来辨认方向的。到了 1 岁多时，婴幼儿开始试着以动作来探索空间。一般而言，1.5～2 岁的婴幼儿开始具备上下、前后的方位意识。一旦他能够区分里外时，便开始乐此不疲将一些容器的盖子打开又合拢，把容器里面的物品拿出来又放进去。婴幼儿正是需要这种反复练习和操作来巩固里外的空间概念，锻炼自己的手部肌肉，从而获得发展。这类游戏实质是婴幼儿在学习和理解里外的空间知识和能力的良好契机。

2 岁半左右，是婴幼儿空间概念进步最快的阶段，他们会使用许多新的空间词汇，精准度也比以前高。如“后面”“角角”“上面”“楼下”“外面”“那里”。

到了 3 岁，婴幼儿的方向感和空间感逐渐成熟。在发展过程中，婴幼儿多是先发展空间词汇，然后才慢慢了解其概念内容。

5. 数概念

3 岁前，婴幼儿数概念的发展一般分三个阶段。

(1) 以自我为中心的、原始的多少概念

1 岁左右的婴幼儿能对数量不多且差异较大的多与少或大与小做出笼统的认知，可优先选择出多的或大的那一方。同时，婴幼儿对多少概念的认知水平是极其有限的，他们只能对容量较小的多与少做出判断，对容量大一些的就不能判断。

(2) 以语音为中心的唱数及以图形为中心的认数

1 岁半左右的婴幼儿，能在成人的教导下唱数并认数 1～5 甚至 1～10 的数字，但水平不高。婴幼儿唱数时，犹如唱歌一般，只是机械地吟唱数字的字音。若从中间打断，他们常常难以继续；若指定从某数开始，他们往往不能遵令而需自 1 数起。可见，婴幼儿并不理解所唱的数概念，更不清楚有关数序的知识。

2 岁的婴幼儿唱数正如同唱歌或者背古诗，只是机械性的重复吟唱数字的字音，而并未真正理解数和量的对应关系。单纯的口头唱数并不代表婴幼儿能成功完成手口一致的逐个点数，能手口一致的点数意味着婴幼儿理解了每一次手指的动作和所指某物体之间的一一对应关系，对手、眼、口的动作协调性有较高要求。一般地，婴幼儿3岁以后，待理解了一一对应和数量的含义后，才能顺利完成手口一致的点数。

（3）以单向思维为中心的、理解具体的“1”

婴幼儿到了2岁左右，能在具体形象的支持下来理解“1”，将“1”与现实中的一个实体对应起来，知道“这是一个人”“这是一个苹果”等。婴幼儿对“1”的理解带有单向思维的特点，他们能将客观事物从量的范畴上划成两类：“1”与“非1”，这标志着数概念的诞生。

6. 时间知觉

3岁前的婴幼儿刚开始接触时间词汇时，很难理解真正的含义，这是由于时间的抽象性以及婴幼儿感知时间经验的不足引起的。婴幼儿很多时候会把从成人那里听到的时间词汇泛化，如他可能会用“昨天”概括过去，“明天”概括以后。婴幼儿将昨天扩大化，表示过去的某一天，这表明他从某种程度上理解了昨天是过去，但并不明白昨天是特指过去的前一天。这就是婴幼儿最初同时也是最粗的时间概念。

0～3岁婴幼儿的认知发展见表3—2（选自《0～3岁婴幼儿教养方案译丛》，北京师范大学出版社）。

表3—2　0～3岁婴幼儿认知发展里程碑

月龄	认知发展
0～3个月	1. 为请求帮助而哭叫 2. 反射行为 3. 偏爱看有一定图案的物品，如布娃娃的眼睛、水平条纹和人脸 4. 模仿成人的面部表情 5. 用眼睛寻找声源 6. 开始在一定的距离内认出熟悉的人 7. 发现和重复身体动作，如吮吸、击打、抓握 8. 发现自己有手和脚
4～6个月	1. 通过声音认人 2. 喜欢重复能对外部世界发生影响的动作，如摇动发出“咔嗒”声的玩具 3. 用眼睛寻找声源 4. 喜欢注视手和脚 5. 寻找某个被部分藏起来的物品 6. 以有目的的方式使用玩具 7. 模仿简单的行为 8. 用已有的图式探索玩具，如吮吸、重击、抓握、摇晃等

续表

月龄	认 知 发 展
7～9 个月	1. 喜欢看有熟悉的物品的书 2. 能从不熟悉的面孔中分辨出熟悉的面孔 3. 进行有目的的行为 4. 预见结果 5. 找出完全隐藏的物品 6. 模仿稍微不同于日常的行为 7. 开始对填充和倒空容器感兴趣
10～12 个月	1. 通过有意识地使用图式来解决感觉运动问题，如把容器里的东西晃动出来 2. 在要求下指出身体的部位 3. 故意反复掉落玩具并往玩具掉落的方向看 4. 挥手示意再见 5. 显示出较强的记忆能力 6. 执行简单的只需一个步骤的指令 7. 通过外表对物品分类 8. 寻找藏在另一处的物品
13～18 个月	1. 通过以新颖的方式作用于物品来探索它们的特性 2. 通过试误解决问题 3. 探究因果关系，如开电视、敲鼓等 4. 玩身体部位辨认游戏 5. 模仿别人新颖的行为 6. 在照片中辨认家庭成员
19～24 个月	1. 在要求下指认物品，如当读书或旅行时等 2. 根据形状和颜色分类 3. 在照片和镜子中认出自己 4. 出现延迟模仿 5. 玩功能性游戏 6. 在物品被移动到视线以外时能找到 7. 通过内部表征解决问题 8. 根据性别、种族、头发的颜色等区分自己和他人

续表

月龄	认知发展
25～36个月	1. 有目的地使用物品 2. 做事情时自言自语 3. 从一个维度给物品分类，如玩具汽车对积木 4. 执行需要一个步骤的指令 5. 较长时间专注于自主活动 6. 自发地指认物品，如读书时 7. 和其他孩子玩假扮游戏 8. 通过数数和标识一堆物品感知数 9. 开始发展相对概念，如大和小、高和矮、里和外 10. 开始发展时间概念，如今天、明天和昨天

二、婴幼儿认知发展特点

1. 认知与动作不可分离

自出生至2岁左右，是认知发展的感知运动阶段。婴幼儿通过与周围环境的感觉运动接触，即通过他对周围环境中客体的行动和这些行动所产生的结果来认识世界，也就是说，婴幼儿仅靠感觉和知觉动作的手段来适应外部环境。皮亚杰把0～2岁婴幼儿的感知一运动阶段细分为反射练习阶段（0～1个月），动作习惯和知觉的形成阶段（1～4或4.5个月），有目的的动作形成阶段（4或4.5～9或10个月），范型之间、手段和目的之间的协调阶段（9或10～11或12个月），感知运动智力阶段（11或12～18个月），智力的综合阶段（18～24个月）6个阶段。

人的基本活动可以分为认知活动和操作活动。婴幼儿的各种活动并没有完全分化，不能明显地分开。他的认知活动和操作活动（即日常所谓“动作”）也紧密相连。表现在：一方面，认知活动必须依靠外在的操作活动。例如，婴儿起先不能抓住眼前挂着的球，他的手往往在球的四周打转，当婴儿出现眼手协调动作，即能够用手抓到眼睛看到的东西时，他对世界的认知就前进了一大步。婴儿的坐、爬、站、走等身体动作每进入一个新阶段，他的认知发展也会得到新的提升。3岁前婴幼儿认识某种事物时，都要用手摸，用嘴尝，或用其他感觉器官去直接接触。另一方面，婴幼儿的认知活动都要通过动作来表现。人掌握了语言，就可以用语言来表现自己的认知活动。但是婴幼儿的语言还没有发展起来，他需要借助于动作来与别人沟通信息。婴幼儿用哭声、表情、手足动作等表示自己的需求。

在感知运动阶段，婴幼儿逐渐形成物体永久性的概念。近年的研究表明，婴幼儿形成母亲永久性的意识较早，并与母婴依恋有关。在稳定性客体永久性认知格式建立

的同时，婴幼儿的空间/时间组织也达到一定水平，并出现了因果性认识的萌芽。婴幼儿最初的因果性认识产生于自己的动作与动作结果的分化，然后扩及客体之间的运动关系。当婴幼儿能运用一系列协调的动作实现某个目的（如拉枕头取玩具）时，就意味着因果性认识已经产生了。

2. 主要发展无意性认知

在 0～3 岁，认知的发展主要在无意性方面。

婴幼儿的注意，一般是无意性的注意。他们的注意是被动地受外界事物所吸引，而不是主动去注意某种事物。例如，婴幼儿的注意往往指向颜色鲜艳的东西，这是因为鲜艳的颜色刺激比较强烈，容易吸引婴儿的注意。

婴幼儿记忆的发展，主要也是在无意记忆方面。鲜明的、具体形象的东西，更容易被记住。要求他们背诵古诗，他们常常记住的只是音调、韵律，难以记住不理解的词句。

婴幼儿的想象也是无意地发生的。例如，看见屋顶上烟囱冒烟，2 岁的婴幼儿会想到："爸爸在抽烟。"但是如果缺乏相应的情景，婴幼儿的想象不会发生。

婴幼儿的思维，主要是自由联想式的，他们还不会有目的地解决问题。例如，有个 2 岁 10 个月的女孩，她想要吃橘子，妈妈告诉她："橘子还是绿的，不能吃，它还没有变黄。"过了一会儿，她看见了菊花茶，她说，"菊花茶不是绿的，它已经变黄了，橘子也变黄了。"

婴幼儿认知的无意性还表现在认知基本上是受情绪控制的。实验证明，情绪愉快时，婴幼儿的认知活动效果更好；痛苦时认知活动的效果较差。

3. 出现人生的第一个反抗期

1 岁前的婴幼儿是比较顺从的。1 岁以后，婴幼儿开始有了自己的主意。例如，要他往东走，他偏要向西。2 岁左右，有时大人要抱他，他会挺着身体，挣扎着自己下地走路。这是独立性发生的表现，也表明婴幼儿已经有了自我意识。他们常常会说："我自己（来）。"他抢着做事，甚至是一些力所不能及的事情。

自我意识的发展，使婴幼儿的认知过程逐渐复杂化，认识能力进一步提高。高级的认知过程，如自信自卑、内疚、自我占有等，都与自我意识的发展有关。

三、婴幼儿认知游戏与陪玩

游戏在认知发展中的作用早已引起世界各国教育学、心理学乃至其他相关学科的关注。婴幼儿在游戏的气氛中与环境相互作用，能够在客体与观念之间形成一些独特的关系和联想，而这些客体与观念在受限制的同化思维中通常是难以形成任何关系和联系的。在游戏中进行操作，使婴幼儿开始注意到所摆弄物体之间的相似性与不同点。当婴幼儿发展到水平较高的阶段，具有了抽象思维的萌芽时，游戏中遇到并操作的物

体就有助于他们学习分类，使简单的类别与概念得到了发展。

在游戏中，婴幼儿按照自己的兴趣和愿望去接受外部环境的信息，并进行加工，使之适应自己的内部图式，来认识世界，促进认知发展。同时，游戏给婴幼儿提供了各种机会，使他们获得和巩固知识（如两块小积木合起来等于一块大积木），锻炼和发展智力，如在游戏中婴幼儿需要观察、感知、比较、分类、回忆、想象，在遇到新情景时，要解决新问题，进行各种智力活动。游戏还提供了一种安全的和自由的气氛，减轻甚至没有压力，使婴幼儿置身于有趣的、无拘束的天地中去学习、去发展，这是其他活动所不具备的。在游戏中婴幼儿开始推理，开始发展逻辑思维的能力，他们的词汇量增加了。婴幼儿的先天能力要得到充分的利用，要发展解决抽象问题的能力，游戏的经验是必不可少的。

随着婴幼儿的成长和认知水平的提高，除视觉、听觉、触觉训练等游戏外，成人应向婴幼儿提供注意、指认、分类配对、空间探索、数量体验等各种水平的游戏，帮助他们巩固和提高认知能力。

1. 注意

为促进婴幼儿视觉和注意力的发展，可以为婴幼儿提供黑白图卡和红球等玩具材料。小婴儿，尤其是0～3个月的婴儿对黑白两种颜色最敏感。黑白图卡对比强烈、轮廓鲜明、图幅够大，能有效吸引婴儿的注意力。随着婴儿的慢慢长大，注视图片的能力逐渐增强，卡片停留时间可以逐渐缩短，每天可以多次和婴儿进行这个小活动。

红色是新生儿首先能够辨认的颜色。育婴员可以坐在婴儿面前30～50 cm处，将红球放在婴儿眼睛侧前方约20 cm处，吸引婴儿注意。当婴儿目光注视红球后，慢慢左右平移红球，让婴儿眼睛随着红球的移动慢慢追视。然后将小球平移至婴儿颈部转动最大角度后，停顿5秒钟，再慢慢往回移。反复几次，直至婴儿不再追视红球。在这个游戏过程中，6个月以内的婴儿，只能看清楚近距离的物体，所以要控制好球和婴儿眼睛的距离；待婴儿逐渐熟悉玩法后，可以尝试将球上移、下移或绕圈，进行多种轨迹的视觉追踪；随着婴儿的逐渐长大，可以在生活中引导婴幼儿追视，如在拥挤的人群中搜寻熟悉的人、追踪天空中的飞鸟等。

2. 指认

婴幼儿的认知发展是与语言的发展紧密地联系在一起的。指认是婴幼儿认识周围世界中的人和物的独特方式，也是他们最初学习的重要内容，是发展语言从而尽快学会与人沟通交流的重要前提。1岁以后，婴幼儿对环境中各种物体的名称、形状、颜色、大小等有了一定感知。虽然婴幼儿还不能表达，但已经可以简单分辨和指认。

婴幼儿喜欢认水果、点心、糖的名称，也渐渐学会饭菜的名称，知道这些都能吃。他们知道自己的玩具名称，明白玩具不能吃。他们稍后才学会生活用具和衣服的名称，将用的和穿的分开。婴幼儿知道的物体名称越多，就越容易听懂成人说话的内容，生

活中的人际沟通也就越顺利。因此，可以利用家庭中经常接触的日用品，在使用的过程中，不厌其烦地将这些物品的名称重复地说给婴幼儿听，直到说出一个名称，他们能准确地指出某件物品。

3. 分类配对

随着经验的增长，婴幼儿逐渐能根据物体的形状、颜色等外部特征进行分类和配对。育婴员可以和婴幼儿一起找找生活中的形状和颜色，也可以利用生活中常见的物体玩颜色分类、形状配对等游戏。生活中可以分类和配对的材料有很多，如给袜子配对、将实物和图片配对、将相同的图片配对等。还可以和婴幼儿一起玩扑克，将扑克牌上的形状、颜色、数量等进行分类或配对。

按颜色分类是常见的分类游戏。婴幼儿最初尝试，完全不懂得配对或没有分类意识时，育婴员可以先让婴幼儿将一种颜色的球放进相同颜色的玩具筐中，待婴幼儿熟练以后再增加另一种颜色。

图形塞放、配瓶盖等活动是常见的配对游戏。在图形塞放游戏进行过程中，婴幼儿可能会放错，这是他通过不断地尝试错误来熟悉正确形状属性的过程，即使婴幼儿放错了，育婴员也要多给予鼓励和提示。在日常生活中，要经常给婴幼儿自己盖盖子的机会。如盖上饮料瓶、打开化妆品的盖子等，婴幼儿出错也是感知的过程，育婴员要给予鼓励和操作提示。

4. 空间探索

婴幼儿 1 岁以后，育婴员可以和他们玩一些建构游戏。可以给婴幼儿选择布艺积木、方木、彩色积木、乐高、套筒等各种可以建构的玩具，也可以废物利用，用鞋盒、牛奶盒等和婴幼儿玩建构游戏。方法上，从成人垒高并鼓励婴幼儿反复推倒开始，到请婴幼儿帮忙垒高 1～2 块积木，再到垒高比赛，最后开始搭建造型。对婴幼儿而言，破坏远比建构来得容易、轻松，在推倒积木的瞬间，婴幼儿的破坏欲望得到了充分的满足；婴幼儿只有在反复的推倒过程中，慢慢积累建构的经验，终有一天，他会开始搭建积木。随着婴幼儿月龄的增长，育婴员可以和婴幼儿进行拓展游戏，如按颜色垒高、搭建造型等。

一岁半以后婴幼儿开始具备上下、前后的方位意识，一旦他能够区分里外时，便开始乐此不疲将容器的盖子打开又合拢，把容器里面的物品拿出来又放进去。日常生活中可请婴幼儿一起整理物品，如让婴幼儿把玩具、衣物放进抽屉或柜子里。

5. 数量体验

1 岁以后，婴幼儿能通过感官模糊地分辨“多少”，他可以区分比较明显的多和少、长和短。育婴员可为婴幼儿提供体验多少、高矮、大小等明显差异的机会。可以给婴幼儿找出大大小小几种不同的扣子，让他们仔细分辨大小，然后和婴幼儿一起给扣子排队。可以从小到大排队，也可以从大到小排队，还可以用其他东西来代替，如

玩具汽车，玩具碗等。2 岁前后，婴幼儿基本可以流畅地从 1 唱数到 5。在就餐前，可以和婴幼儿一起摆桌子，一起数出 3 个碗；发饼干时，一起数出 2 块饼干。

技能要求

【操作技能 1】分类游戏——苹果给妈妈、香蕉给爸爸

一、游戏功能

学习听懂成人指令，运用多种感官感知水果的色和形，促进婴幼儿分类概念的发展。

二、适宜月龄

13～18 个月。

三、操作准备

苹果、香蕉各 1 个。

四、操作步骤

1. 育婴员用双手包住苹果，吸引婴幼儿注意力："宝宝，看，我手里有什么?"当婴幼儿注意力被吸引的时候，育婴员慢慢打开双手："苹果!"放到鼻尖，用夸张的动作闻一闻："嗯，真香!"

2. 把苹果给婴幼儿，让他摸、闻，说道："苹果，红红的苹果；小手摸一摸，圆圆的。鼻子闻一闻，真香!"。

3. 以同样的方法让婴幼儿感知香蕉

4. 请婴幼儿听指令做事："宝宝，把苹果给妈妈，再把香蕉给爸爸。"

5. 妈妈、爸爸与婴幼儿分享苹果和香蕉："啊呜，爸爸一大口；啊呜，妈妈一大口；啊呜，宝宝一小口。"

五、温馨提示

1. 游戏中，婴幼儿若反复地摸、闻苹果，应予以满足和鼓励。

2. 在日常家庭生活中，多向婴幼儿描述物体的名称和特征，并让婴幼儿用眼睛看一看，小手摸一摸，鼻子闻一闻，甚至用嘴巴尝一尝，多积累对物体的感知经验。

【操作技能 2】配对游戏——有趣的镶嵌板

一、游戏功能

促进婴幼儿图形配对能力的发展，巩固对形状的认知。

二、适宜月龄

19～24 个月。

三、操作准备

图形镶嵌板一个，选择较为安静的环境。

四、操作步骤

1. 育婴员出示形状类玩具，引起婴幼儿兴趣："宝宝，这里有好多形状，看看有没有宝宝喜欢的形状?"

2. 鼓励婴幼儿听名称，指认形状和颜色："指指看，哪个是宝宝喜欢的圆形呀?"婴幼儿正确指认后，夸奖他："对了！这是宝宝喜欢的圆形，真棒!"鼓励婴幼儿反复指认："找找看，三角形在哪里?"

3. 让婴幼儿听名称找出图形放在相应的位置："宝贝，把正方形放到正方形的洞洞里。"婴幼儿正确放置后，夸奖他："真棒！正方形放在正方形的洞洞里!"

五、注意事项

在游戏过程中，婴幼儿可能会将玩具放错位置，这是他在不断地通过尝试错误来熟悉正确的形状属性，即使婴幼儿放错了，育婴员也要多给他鼓励和提示。

【操作技能 3】排序游戏——套筒真好玩

一、游戏功能

促进婴幼儿大小排序、颜色认知、垒叠等数形空间能力的发展。

二、适宜月龄

19 个月以上。

三、准备

三原色套筒一套，准备桌子、椅子，安静的游戏环境。

四、操作步骤

1. 育婴员将套杯按大小顺序摆放三个，其余的鼓励婴幼儿摆放，帮助婴幼儿观察“大小”：“宝宝，你来试试摆其他的杯子”。放好后强化大小概念，手指着两端的套杯说：“真棒！这个是最大的，那个是最小的。”

2. 育婴员示范将大套杯套在小套杯上。请婴幼儿按顺序依次套入：“宝宝，试试把其他的杯子套起来!”

3. 育婴员把套杯大小顺序弄乱，请婴幼儿自己按大小叠套，必要时给予提示。

五、温馨提示

1. 婴幼儿最初尝试时，建议给予婴幼儿 2～3 个大小差异明显的套杯即可，随着婴幼儿认知能力的发展和经验的增多，慢慢增加套杯的数量。

2. 除了套杯，在家里面也可用不同大小的保鲜盒。

【操作技能 4】数的游戏—— 一、二、一、二上楼梯

一、游戏功能

促进婴幼儿数概念的发展。

二、适宜月龄

19～24 个月。

三、准备

和婴幼儿每天户外活动回来上楼梯时进行此游戏。

四、操作步骤

1. 在和婴幼儿上楼梯时，一手牵着他，鼓励他自己迈上台阶：“宝宝，像我这样，一、二、一、二上楼梯。”

2. 婴幼儿迈上台阶的同时，育婴员给婴幼儿数数：“一、二、一、二，太棒了！宝宝自己上楼梯!”。

3. 如果婴幼儿会数数，则鼓励他附和着一起数数或边上楼梯边独立数数。

五、注意事项

由于成人楼梯的台阶比较高，对于婴幼儿来说，上楼梯是一个不小的挑战，所以，成人要尽量牵着婴幼儿的手，或者站在婴幼儿的斜后方一点的位置，保护正在上楼梯的婴幼儿。

学习单元2 婴幼儿艺术表现游戏

学习目标

- 了解婴幼儿艺术表现发展特点
- 掌握婴幼儿艺术表现游戏的作用与注意事项
- 能陪伴婴幼儿玩艺术表现游戏

知识要求

艺术表现游戏对0～3岁婴幼儿的发展非常重要，他们的涂涂画画、揉揉捏捏、扭扭动动大多没有什么目的，但在乱涂乱画的过程中，婴幼儿的身体和小手会越来越灵活，他们的想象力和创造性也在这个过程中得到发挥和发展。在该阶段，艺术表现游戏主要包括涂鸦和童谣唱游。

一、涂鸦

1. 涂鸦的价值

涂鸦期通常是指儿童的乱涂乱画阶段，把0～3岁婴幼儿的乱涂乱画称为婴幼儿涂鸦。需要注意的是，婴幼儿涂鸦不等于婴幼儿美术。婴幼儿涂鸦是一种动作方式、游戏方式、表达方式，它也许在某个时候可以发展成为儿童美术教育的一部分，但对于0～3岁的婴幼儿而言，涂鸦更多的是成长中的一种需要。涂鸦对婴幼儿的发展有很多积极的意义。

（1）涂鸦满足婴幼儿手部活动的需要

涂鸦是婴幼儿学习手眼协调、指挥自己、控制动作的活动，也是婴幼儿学习控制生理的途径之一。同时，通过涂鸦“运动”，婴幼儿也开始了解自己的身体。

（2）涂鸦满足婴幼儿对因果关系的好奇心与探索欲

婴幼儿发现笔、颜料可以在纸上或者其他地方制造出运动轨迹。那一刻，他感到好奇、新鲜、冲动与兴奋。在小手涂涂、画画、抹抹的过程中，婴幼儿也在和蜡笔、画纸等材料充分互动，验证手握笔、手蘸颜料的运动可以留下痕迹这一现象。

（3）涂鸦是婴幼儿自我表达的一种途径

“涂鸦”是当婴幼儿的语言功能尚未发育完善、无法用语言表达时，表达自我、让别人理解自己的方式之一。他们可以在任何时间、任何地点，用自己喜欢的方式涂鸦，用最朴实的线条、最简单的色彩表达丰富的内心。涂鸦帮助婴幼儿获得愉悦的情绪体验和成功感。

2. 婴幼儿涂鸦的发展

涂鸦是自发的行为，是人与生俱来的能力。反复性是婴幼儿学习的一个重要特性，在涂鸦活动中也同样体现出来。通过反复活动，婴幼儿发现现象、验证发现、逐步理解、练习掌握。为0～3岁的婴幼儿提供材料，给予其涂鸦机会就是最好的“教”。

当婴幼儿的小手可以握住东西并摆弄时，涂鸦就可以开始了。最初期的涂鸦是婴幼儿建立动作与动作所带来的“痕迹”之间的联系的过程，婴幼儿可以不借助任何工具、不用任何材料，仅仅靠小手的动作来涂鸦。0～3岁婴幼儿的涂鸦发展特点见表3—3（引自华爱华、茅红美主编，少年儿童出版社出版的《宝贝涂鸦》）。

表3—3　　0～3岁婴幼儿涂鸦和相关动作发展特点

月　龄	涂鸦特点	相关的动作发展状态
10～12个月	无意识涂鸦，画出不规则的点	依靠肩部的运动来涂鸦，当婴幼儿抓着笔上下“敲打”时，笔就在纸上留下了点状的痕迹
13～18个月	无意识涂鸦，可画出从左到右的连续弧形线条	手做着以肘为轴心的左右往返运动，圆弧的半径约为婴幼儿肘部到笔尖的距离
19～24个月	无意识涂鸦，开始画连续的圆，并由大圆过渡到小圆	婴幼儿的手眼协调性有了发展，手腕的灵活度提高了，能够画连续的圆
25～36个月	有一定意识地涂鸦，开始画封口的圆和短直线，开始对自己的作品定义	手眼协调性有了进一步发展，眼睛开始随着手移，能够有意识地控制自己手中的笔画封口的圆

3. 涂鸦活动陪伴与支持

(1) 多利用生活用品，提供涂鸦材料

在准备材料时，纸、笔当然是需要的，但仅仅有纸和笔是不够的。剪刀、粘胶、陶泥、沙、水等材料可以拓展婴幼儿涂鸦的内容和形式，也是必不可少的材料。这些材料带来的手工活动和涂鸦一样都是创造活动、造型活动。从某种意义上讲，涂鸦就是一种“破坏”活动，孩子会希望用各种方式、材料进行这种“破坏”，撕纸、剪纸、涅泥等活动亦是如此。

对于 3 岁以内的婴幼儿来说，仅提供单一色彩时，他们很容易被自己动作留下的“痕迹”所吸引，更投入地去运用和感受材料。如果提供两种甚至更多的色彩，婴幼儿会在反复的玩色彩的过程中观察、感受、比对色彩的不同及色彩融合带来的变化。

另外，宽松的环境、适宜的服装、清洁用的抹布，等等，都很重要。

(2) 不断为婴幼儿或协助婴幼儿添加涂鸦材料

每次活动开始时材料不宜过多，避免婴幼儿在材料的选择与摆弄中一直自得其乐，不能进入涂鸦的过程。在涂鸦过程中则应不断增加材料，使婴幼儿涂鸦活动自然得以延续。

(3) 必要时可以做些正确使用工具的方法示范

模仿是孩子学习的重要途径之一，在婴幼儿反复试错后，适度的示范正确方法，能够帮助婴幼儿顺利克服困难，获得学习的愉悦感。

(4) 用欣赏的眼光看待婴幼儿的行为和作品，注意留存作品

不要用“像不像”“对不对”等词来评价婴幼儿的作品，不要用指导和教化的态度陪伴婴幼儿涂鸦。通常，成人在欣赏一件美术作品时会带有一定的标准和目的性，但是这些标准是不适宜婴幼儿的。婴幼儿的涂鸦作品本身就带有很大的随意性，尽管线条凌乱，色彩模糊混乱，但对于婴幼儿而言，是他们最真实的自我表达。

有人说，婴幼儿的画与其说是用“看”的，不如说用“听”的。这是因为虽然画面看上去简单、稚嫩，线条甚至有些“乱七八糟”，但是耐心地“听”他们自己讲述，就会发现这一幅幅作品中蕴含的是他们对这个世界的认知过程。“听”画可以让成人了解婴幼儿丰富的内心世界，及时对婴幼儿予以鼓励。

4. 注意事项

涂色对 3 岁以内的婴幼儿不合适。婴幼儿的涂鸦应该是自由地、随意的活动，当婴幼儿还不能很好的控制手部动作时，涂色对他们来说是一件非常困难的事。在成人提醒下，婴幼儿努力控制自己手中的笔在那些条条框框里涂色，是与这个时期婴幼儿身心发展规律相违背的。或许经过反复的练习，婴幼儿可以把颜色涂在“限定的范围”里，但这个练习的过程对于婴幼儿来说失去了涂鸦活动的乐趣，而且也会让婴幼儿忽略自己去探索、去创造的过程，渐渐失去“主动”的能力。

不要教3岁以内的婴幼儿画具象的事物，比如图形、简笔画等。首先，这样会影响婴幼儿的想象、创造能力。以“小鱼”为例，当婴幼儿听到成人说“鱼”时，已有的生活经验会让婴幼儿在大脑中出现鱼的形象，因为生活经验不同，这些小鱼的形象是形态各异的。此时，如果成人在婴幼儿面前示范“小鱼”图案，婴幼儿会将听到的词语“小鱼”和示范的小鱼进行匹配，产生联系。反复多次以后，当婴幼儿听到“小鱼”这个词或者画“小鱼”时，大脑中只会出现示范的图案，婴幼儿失去了联想能力，作品成了一种复制。其次，影响婴幼儿涂鸦的自信。当人们太过依赖这些示范的图案时，一旦它们不在眼前，失去了临摹的对象时，自己画画的信心也一并失去了，甚至会认为自己不会画。

二、童谣唱游

1. 童谣唱游的定义

童谣是为儿童作的短诗，强调格律和韵脚，通常以口头形式流传。大体说来，“童谣”是指传唱于儿童之口的、没有乐谱、音节和谐简短的歌谣。世界各国、各民族都有童谣，甚至于没有文字的族群都有童谣。传统童谣属于民间文学之一，包含在民谣中。基本上童谣没有很明确的范畴和界限，凡是民谣中适合婴幼儿听与唱的都可以归类为童谣。童谣主要有两个特点：一是朗朗上口，通俗易懂；二是有趣、好玩，婴幼儿感兴趣。我国童谣在千百年的历史传承中，经过一代又一代人自觉或不自觉的润色加工，已经形成了十几种倍受婴幼儿喜爱的特殊的传统艺术形式。如摇篮曲、游戏歌、数数歌、问答歌、连锁调、拗口令、颠倒歌、字头歌和谜语歌。

唱游是游戏化的音乐活动，通常也叫音乐游戏，具有游戏和类似游戏的特征。婴幼儿在聆听音乐与歌曲、唱说童谣、在音乐陪伴下做各种有韵律性的肢体活动等各类活动中接触、感受、理解，甚至以音乐形式来自我表达。在这样的充满音乐元素的活动中，婴幼儿能把这些“音乐”和家人联系起来，或者把它作为一种美好、舒服的体验。适合3岁以内婴幼儿的唱游活动是特别强调趣味性的一种音乐活动形式，其类型一般包括律动、音乐游戏等。由于婴幼儿的天性就是玩，所以不难想象，唱游是婴幼儿活动中的充满欢笑、荡漾童音、舒展肢体、自我表现的快乐时间。

2. 童谣唱游的方式

（1）念唱童谣

常为婴幼儿念童谣对婴幼儿来说有很多益处，可以刺激婴幼儿听觉，促进其发出声音；婴幼儿从发出声音逐渐到运用自己的声音模仿发出童谣的旋律；婴幼儿在听、说童谣的过程中自然而然地练习发音、咬字、口腔形态，以及自己对声音的敏感度和控制力。

（2）欣赏音乐

在觉醒时、哄睡时、哺喂时、亲子游戏时可播放适宜的音乐，在每日的同一个时间固化这个习惯，反复放婴幼儿熟悉的音乐。这样做有利于调节婴幼儿情绪，帮助婴幼儿放松或安静；逐渐到婴幼儿能主动聆听与感受音乐的情绪。

(3) 律动唱游

边吟唱歌曲或童谣，并做与节奏、曲词意有关的肢体动作，有助于婴幼儿肢体的延展、进行声音与动作的模仿、训练想象力、亦可消耗精力。在婴幼儿 2 岁左右，伴随音乐、歌曲的游戏不仅给婴幼儿增加活动情趣，还可让婴幼儿逐渐理解游戏规则。

(4) 敲敲打打

从聆听自然界的声音，到婴幼儿可以自己敲击物品发出声音，再到给婴幼儿鼓、鼓槌或铃等乐器让婴幼儿敲击。敲敲打打有助于发展婴幼儿的节奏感，并提高对乐器的认识、熟悉度；婴幼儿在乐器玩奏过程中容易获得动作体验的成功感。

三、童谣唱游活动发展与支持

1. 0～3 个月

在此阶段，婴幼儿能对声音做出反应，寻找声源；能从各种声音中辨听，并喜欢听人的话音；能发出 3～4 个音调；配合对话者的音调变化进行“语音交流”；喜欢聆听乐曲和歌声；喜欢高音频语音。依据婴幼儿音乐感受的发展需求，整合此阶段婴幼儿被动感知的特性以及安全感、情感交流的需要，应多给婴幼儿听以下几类“音乐”。

(1) 伴随生活活动的“父母语”

“父母语”是父母和婴幼儿间的一种独特的语表交流方式。声调高、语速慢、多反复、抑扬顿挫是“父母语”共有的特征。婴幼儿觉醒时、喂哺前、哄睡时……带养人富有节奏的、充满亲情的引逗和婴幼儿的喃喃交流：“宝一宝一乖！宝一宝一乖！我的一宝一宝，最一最一乖!”。“父母语”对于婴幼儿来说如同美妙的音乐。

(2) 伴随生活活动的音乐、童谣

哄婴幼儿睡觉、为婴幼儿洗澡或更换衣服时，选择《摇篮曲》等音乐或童谣作为共享音乐，随着音乐节奏轻拍婴幼儿或点压、拍、按摩婴幼儿的肌肤，或帮助婴幼儿活动上肢和小腿。

(3) 自然界的声音

在房间里挂一个能发出清脆悦耳声音的风铃，或轻摇拨浪鼓，让婴幼儿觉醒时聆听、寻找声源；录放自然界的刮风声、雷雨声及雨滴声、流水声。

亲子童谣见表 3—4（选自华爱华、茅红美主编，少年儿童出版社出版的《童谣唱游》）

第3章 教育实施

表 3—4　　亲子童谣

名称	内　容
《点点虫虫飞》	点点虫虫飞，点点虫虫飞，飞没了
《换尿布歌》	小腿儿，踢一踢。小肚子，挺一挺。小屁股，翘一翘。换一块，香布布，妈妈闻闻 香喷喷
《可爱的小五官》	眼睛看妈妈，鼻子闻花花。嘴巴吃瓜瓜，耳朵听夸夸……
《看我摸》	拍手掌，看我摸。我不摸呀，你别摸。我摸耳朵，你也摸耳朵……
《我们大家一起来》	大黑熊，慢悠悠，一起来，咚、咚、咚、咚
《小娃娃长大了》	裤衩，短了。鞋子，小了。妈妈，笑了。娃娃，长了
《吃果果》	排排坐，吃果果。宝宝一个，妈妈一个。爸爸睡着了，给他留一个……
《七个阿姨一起来》	一二三四五六七，七六五四三二一。七个阿姨来摘果，七只篮子手中提。七种果子摆七样，苹果、桃儿、石榴、柿子、李子、栗子、梨
《饼干圆圆》	饼干圆圆，像个太阳。啊呜一口，变成月亮。啊呜一口，变成小船。小船哗哗，开进嘴巴
《小兔乖乖》	小兔子乖乖，把门儿开开，快点开开，宝宝要进来

2. 4~6 个月

在此阶段，婴幼儿开始对音乐做出积极反应（而在此之前婴儿还只是个被动的听众）；对音乐源表现得既兴奋又惊讶；开始对韵律和音调做出反应；能够分辨出相差只有半个音级的音调；对音乐表现出肢体反应，常随旋律而摇摆或跳动；和着音乐的旋律发出呀呀声。可以从以下几方面开展童谣唱游活动。

(1) 伴随生活活动的“父母语”、童谣和音乐

延续前几个月的做法，婴儿喜欢重复的感受；将解释性语言编入童谣中，不仅帮助婴幼儿理解正在发生的事情，也在有节奏地吟唱中增添情趣。如给婴儿换尿布时，边轻轻操作边吟唱。

(2) 聆听各位家人的声音、各种自然界的声音

以家人的声音以及柔和、动听的拨浪鼓或摇铃有节奏地逗引婴儿听、寻找声源；也可以将小鼓、摇铃交到婴幼儿手里，让他把玩出声响；婴幼儿醒着的时间增多了，继续播放给婴幼儿听自然界的刮风声、雷雨声及雨滴声、流水声；各种昆虫、鸟类、家禽发出的鸣叫声；可抱进厨房听听锅碗瓢盆的轻轻敲击声、洗菜切菜的声响；播放外出的家人的声音，婴幼儿聆听时，带养人可和婴幼儿交流，如：“听，这是爸爸在说话！爸爸在上班，爸爸想宝宝。”

3. 7～9 个月

在此阶段，婴幼儿在音乐旋律发生变化时会晃动脑袋；能辨别旋律中细微的节奏变化；开始发出的呀呀声，虽然不连贯，但已具备了音乐的最基本要素——开始“有节奏地胡言乱语”了。7～9 个月婴幼儿正是通过运动来感知身边世界的，敲打、扔东西是婴幼儿运动感知的一种行为表现。此时婴幼儿手指抓抓捏捏的精细活动也增多了。此时，可以结合这时期婴幼儿音乐感受力增强的特点，用音乐陪婴幼儿一起游戏。

（1）伴随动作及认知发展的童谣唱游

比如，念唱“点点虫虫飞”时，轻握婴幼儿双手食指，随吟念的节奏点碰，最后把两手打开。不难看出，这个快乐的互动小游戏同时也是一个锻炼婴幼儿的视觉追踪的小游戏。

（2）提供小鼓等材料，让婴幼儿敲敲打打

不仅可以给婴幼儿提供小鼓，还可以提供安全的瓶瓶罐罐，让婴幼儿敲敲打打，既满足婴幼儿动作感知的需求，又可获得辨析声音的听觉刺激。育婴员可以在一旁播放适宜的音乐，伴随敲击富节奏感的声音，丰富婴幼儿的听觉。

（3）辨析强弱音的童谣节奏游戏

以“点点虫虫飞”为例，以同样的节奏，不一样强弱的声音来念，第一遍可以是常态的声音，第二遍轻一些，第三遍更轻，而且是一句比一句轻；敲鼓也可以这样玩，同样的节奏，一遍比一遍轻，直至完全消失。这样的游戏给婴幼儿带来“有—没有—有”的期待感，好像捉迷藏游戏一样充满趣味感。游戏的同时，也可增强婴幼儿听力注意。

（4）让婴幼儿倾听各种自然音并解释

比如，进入厨房时，让婴幼儿聆听切菜的节奏音；去公园玩，让婴幼儿聆听鸟叫声；走在街头，让婴幼儿聆听汽车鸣笛音……在这个过程中，给婴幼儿做些解释，如：“听，鸟儿叫啦！”安静地聆听一会儿，继续解释：“鸟儿叫得真好听，啾唧，啾唧。”

4. 10～12 个月

在此阶段，婴幼儿能模仿音调并唱出自己的声调；开始说出比以前更复杂的“呀呀”歌曲；对喜欢的音乐表现出兴奋，而对不喜欢的音乐则表现出不快。可以从以下几方面开展童谣唱游活动。

（1）亲子共玩有较强节奏感的膝上颤动游戏

育婴员坐在椅子或地板上，扶婴幼儿舒服地站或坐在自己的膝上，育婴员边哼唱旋律、童谣或播放音乐（即便是播放音乐，育婴员也要同时哼唱）边跟着节奏摇摆。这是每个婴幼儿都喜欢的游戏，不仅给婴幼儿带来家人的亲爱，听辨吟唱中的节奏和身体感受到的上下颠动的节奏给婴幼儿带来丰富且和谐的感官刺激。

（2）伴随婴幼儿的指指认认唱说童谣

婴幼儿喜欢指指认认，对自己的身体、五官有较浓厚的兴趣。在和婴幼儿照镜子、玩指五官游戏时，可以唱说有关五官的童谣。“可爱的小五官”不仅给五官命名，还简单解释了五官的功能。朗朗上口、韵脚整齐的童谣还便于婴幼儿再大一些时接说最后一两个字。

（3）多和婴幼儿玩各种“乐器”

用小木棒敲击翻过来的桶、锅、盆、陶器以及各种能敲击出悦耳声音的用具；用可乐瓶装入豆豆为婴幼儿做能发出嘎嘎声响的“乐器”；也可将沙子、小石头装入废弃的纸盒或不透明的小瓶中，让婴幼儿摇摇，听听会发出什么声音；拿出多个装有不同体积水的耐敲击玻璃瓶子，让婴幼儿用汤匙轻轻敲打，每个瓶子会发出不同的音高；摩擦不同材质的东西，如搓玻璃纸、纸袋、塑料袋；有条件时，育婴员可有节奏地敲打真正不同的乐器给婴幼儿听。

（4）鼓励婴幼儿尝试随着音乐做扭动、哼说发音

每天定时给婴幼儿播放音乐，反复聆听音乐对婴幼儿来说有熟识感。婴幼儿会自觉跟着音乐的节奏扭动身体或咿呀冒音，此时育婴员可以鼓励婴幼儿：“宝宝跳舞啦！真可爱！”鼓励会促使婴幼儿有意识地去唱和舞动。

5. 13～18 个月

在此阶段，婴幼儿的身体对音乐的刺激反应增强：表现积极、持续时间延长；开始显得对低频音更为敏感。“父母语”交流方式可逐步减少。婴幼儿早期对高音频敏感，因此“父母语”深得婴幼儿喜爱，但随着婴幼儿的听觉对低音频敏感起来，日常带养人和婴幼儿的交流可逐渐趋于常态和规范。这时期，育婴员可以常用充满节奏感、韵律感并伴有旋律的三字童谣念说或吟唱陪婴幼儿游戏，并有意识地让婴幼儿接说或唱出最后一个字。

此阶段婴幼儿接收与输出信号的通道是单一的，动作的上下肢同步协调性也不够。因此，不宜和婴幼儿玩需要全身协调活动的唱游。家长可和婴幼儿玩伴有头部、上肢特别是手部动作，如点头、拍手、招手、摆手等的童谣唱游，满足婴幼儿模仿动作的需要并激发其成功感。

6. 19～24 个月

在此阶段，婴幼儿动作与音乐逐渐相配——能在短时间内做到动作与音乐协调一致；把握音调的能力加强，开始能够更好地掌握音调标准；从重复单词到能唱较长（旋律简单）的歌词短语；在没有音乐的伴奏下，能无意识地哼唱较长的自编歌曲。

（1）伴有踏步、停下等下肢动作的童谣唱游

童谣或歌曲中含有下肢动作的词义，婴幼儿可以在边听成人唱童谣边看示范的情况下模仿进行下肢活动，当然，反复多次后，婴幼儿自己也会边唱边做。

（2）伴随语言、认知、模仿的童谣唱游

如“看我摸”，童谣应顺应婴幼儿爱模仿的特性、使用代词的兴趣，以认识人的身体部位、发展自我意识。家长和育婴员可以和婴幼儿边唱边游戏，加强彼此的感情和交流。

(3) 玩辨听各种声音的游戏，一起敲敲鼓和小铃

听鼓、铃等乐器发出的声音。让婴幼儿闭眼听三种声音，如小铃、小鼓及木鱼。敲击后，请婴幼儿说出声音的发出顺序。放有火车、汽车、轮船等声音的录音给婴幼儿听，让其听后说出有哪些交通工具发出叫声了，把这种交通工具找出来。和婴幼儿一起在音乐的伴奏下敲敲铃鼓、小铃等乐器，或敲击锅碗勺等器皿；请婴幼儿轻轻敲、重重敲，感受声音的变化。

7. 25～36 个月

在此阶段，婴幼儿动作与音乐的协调能力逐渐提高，在边唱边做合乎歌曲内容的表情与简单动作方面有所发展，唱游是这个时期婴幼儿音乐表现的主要形式；婴幼儿容易掌握铃鼓和串铃的演奏方法，随乐能力有所发展，有时能做到“合拍”；初步理解音乐所表达的情绪，并开始产生初步的想象和联想。

(1) 伴随音乐和童谣的各种全身协调性模仿活动

让婴幼儿做各种模仿动作，如打鼓、吹喇叭及学小兔跳、小鸟飞。婴幼儿会非常喜欢，边说边做，反复不已。如“我们大家一起来”。

(2) 说唱更多的含有规则或认知的童谣

此时的婴幼儿记忆力增强，爱背童谣。唱念有规则的童谣，不仅兴趣高，而且还能够丰富婴幼儿的认知，养成良好行为习惯。如“吃果果”在吟唱中提醒婴幼儿学习分享。“娃娃长大了”则让婴幼儿感受成长的快乐。“七个阿姨来摘果”则让婴幼儿练习唱数。

(3) 说、唱激发联想和想象的童谣

随着生活经验的丰富，2 岁以上婴幼儿的假想能力进一步提升。而充满想象力的童谣更激发孩子的想象力。如“饼干圆圆”，可以和婴幼儿一边吃饼干一边说唱。

(4) 伴随熟悉的音乐节奏玩打击乐器

玩听辨声音：敲打竹板（或积木代替）与鼓，敲打出快慢、长短不同的声音，以表示不同的动作。让婴幼儿听一听，哪种声音像马儿在奔跑？哪种声音像大熊走来了？请婴幼儿也敲敲。

玩打击伴奏：选取“如果高兴你就拍拍手”歌曲作为伴奏乐，给婴幼儿一只小铃鼓。在每个乐句末尾，先拍手伴奏然后拍击铃鼓伴奏。

(5) 和家人共玩、强调配合的音乐游戏

父母亲每天下班时，可以在门口和婴幼儿玩“小兔子乖乖”的游戏。当父母亲用粗粗的声音唱时，婴幼儿判断这是大灰狼假扮，不可以开门；而用轻柔声音唱时，婴

幼儿判断是爸爸或妈妈回来了，可以开门。亦可角色互换，在婴幼儿要进入父母卧室时边唱歌边玩这个游戏。

技能要求

【操作技能1】泥工游戏——面团变变变

一、游戏功能

让婴幼儿感受手部动作带来的面团形态的改变，理解面粉变成面团的因果关系。

二、适宜月龄

15个月以上。

三、操作准备

面粉、水，娃娃家玩具（碗、勺子、锅等），安全的塑料或木头小刀、小木棒、瓶盖、各类模具等。

四、操作步骤

1. 提供一小盆面粉给婴幼儿，请婴幼儿把手进面盆里和一和，向婴幼儿描述面粉的感觉，请婴幼儿往面粉里放入一点水，妈妈用手指轻轻地和一和，请婴幼儿观察面粉的变化。“宝宝，快看，面粉就要变成面团了。”
2. 让婴幼儿根据自己的方式玩面团。
3. 利用面团和婴幼儿一起玩娃娃家游戏，用面粉做成饼干、面条等食物。
4. 当婴幼儿缺乏活动兴趣或不敢尝试时，爸爸妈妈可以示范给婴幼儿一些玩面团的方法，注意由简单到复杂：捏→拍打→按压→单手搓成长条→双手配合搓成条状→双手搓圆。

五、注意事项

婴幼儿玩面团的方式取决于自身手指精细动作的发展水平。3岁以内的婴幼儿还不能捏出“精细的成品”，所以成人在陪伴时，不要一味地给宝宝示范自己捏出的“成品”，可以多观察婴幼儿的玩法，和他一起尝试，这样会让他更有兴趣。

【操作技能 2】纸工游戏——漂亮的花衣服

一、游戏功能

感受手部动作带来的纸张形态的变化，发展婴幼儿手部精细动作。

二、适宜月龄

25～30 个月。

三、操作准备

1. 各种各样的纸，包括纸巾、彩色纸、皱纸、包装纸。

2. 相框一个，即时贴、黑色卡纸、双面胶若干。

3. 将彩色即时贴剪成衣服的形状，用双面胶将即时贴的正面贴在黑色卡纸上，撕去即时贴的底纸，露出有黏性的一面备用。

四、操作步骤

1. 给婴幼儿不同颜色和质地的纸，和婴幼儿一起玩撕纸游戏："宝宝，看妈妈把纸撕开了，宝宝也来试试。"

2. 婴幼儿会采用拉、拽的方式将纸扯开，这时育婴员可以帮助婴幼儿将纸的一边撕开一个小口，鼓励婴幼儿用拇指和食指配合继续将纸撕开。

3. 将撕下的碎纸粘贴在即时贴做成的底板上，鼓励婴幼儿根据自己的意愿随意粘贴："宝宝就这样，把碎纸粘在板上""宝宝的作品真棒！"

4. 将婴幼儿的撕纸粘贴作品装入相框，挂在家中他能看到的地方。

五、注意事项

1. 游戏时，可以边玩边和婴幼儿说说正在做的事，以及纸的外观和触感："宝宝，这是软软的纸！""这是红色的纸！"帮助婴幼儿感知纸的质地和颜色。

2. 利用生活中常见的材料和婴幼儿玩 DIY 活动，引导婴儿关注身边的事物，尝试各种富有想象和表现的活动。

【操作技能3】涂鸦游戏——手指爱玩面糊画

一、游戏功能

感受面糊的性质，感受小手运动带来的轨迹变化，逐渐发展自己控制涂画的能力。

二、适宜月龄

25～30个月。

三、操作准备

面糊，大纸张。

面糊颜料制作：水、食用色素、面粉（准备好面粉，食用色素及纯净水。在面粉内加入纯净水，拌匀调成糊状，厚度以滴落时略黏稠为宜；在搅拌好的面糊里加入色素，将颜色调至均匀）。

四、操作步骤

1. 婴幼儿用手指直接蘸取面糊颜料在纸上作画。
2. 在画面糊画的过程中，让婴幼儿观察手部运动在纸上留下的痕迹。
3. 和婴幼儿一起看看、说说这些有趣的图案。
4. 游戏结束后，和婴幼儿一起洗手，观察水的颜色变化。游戏过程中，育婴员可以和婴幼儿认颜色。

五、注意事项

1. 游戏前，和婴幼儿交代好游戏的要求，只能在纸上进行涂鸦，避免婴幼儿把有颜色的面糊带到其他的区域里。
2. 刚开始玩这个游戏时，婴幼儿有可能会因为害怕而拒绝，因此，成人的亲身参与和示范非常重要。

第 4 节　婴幼儿情绪情感与社会性行为培养

学习单元 1　婴幼儿情绪情感发展培养

学习目标

- 了解婴幼儿基本情绪情感的特点
- 能识别和应答婴幼儿情绪情感反应

知识要求

情绪、情感是个体对客观事物和情境的主观态度和体验，是个性的重要组成部分。情绪和情感都是人对客观事物所持的态度体验，只是情绪更倾向于个体基本需求欲望上的态度体验，而情感则更倾向于社会需求欲望上的态度体验。情绪是对主观态度和体验的较短暂状态，情感则是稳定、持续的态度反映，如责任感、义务感、道德观、美感等。情绪、情感伴随着人从出生到成长的整个过程，并在不同的阶段以不同的方式表达出来，影响一个人的身心健康甚至一生的幸福。

一、婴幼儿情绪情感发展

1. 原始情绪反应

婴幼儿情绪发展最早可追溯到新生儿期，这时的情绪反应与生理需要是否满足密切相关，它更多的是一种未分化的一般性兴奋，是由强烈刺激引起的内脏和肌肉的节律性反应，不是真正意义上的情绪。

原始情绪反应的特点是，它与生理需要是否得到满足直接关联着。身体内部或外部的不舒适的刺激，如饥饿或尿布潮湿等刺激，会引起婴儿哭闹等不愉快情绪。当直

接引起情绪反应的刺激消失后，这种情绪反应也就停止了，代之以新的情绪反应。例如，换上干净尿布以后，婴儿立即停止哭声，情绪也变得愉快。

著名的心理学家、行为主义的创始人华生根据对医院婴儿室内500多名初生婴儿的观察提出，婴儿天生的情绪反应有三种：怕、怒、爱。但多数心理学家认为，原始的情绪反应是笼统的，还没有分化为若干种。

2. 情绪的分化

心理学家普遍认为，婴幼儿的情绪是从不分化到分化、一步步发展的。在原始情绪反应基础上，婴儿出现了真正的情绪，并开始分化为愉快和不愉快两极；后来，不愉快的情绪又分化为愤怒、厌恶和害怕；愉快的情绪分化为喜欢、好奇等；到两三岁时，婴幼儿的情绪和成人的情绪就相差无几了，别看人小，快乐、愤怒、悲哀、恐惧、好奇、害羞等情绪几乎一个也不比成人少。

加拿大心理学家布里奇斯的情绪分化理论是早期比较著名的理论。她通过对一百多个婴幼儿的观察，提出了关于情绪分化的较完整的理论和0～2岁婴幼儿情绪分化的模式。她认为，初生婴儿只有皱眉和哭的反应。这种反应是未分化的一般性激动，是强烈刺激引起的内脏和肌肉反应。3个月以后，婴儿的情绪分化为快乐和痛苦。6个月以后，又分化为愤怒、厌恶和恐惧。比如，眼睛睁大、肌肉紧张，是恐惧的表现。12个月以后，快乐的情绪又分化为高兴和喜爱。18个月以后，分化出喜悦和妒忌。

我国心理学家林传鼎观察了500多个出生后1到10天的婴儿所反应的54种动作的情况。他认为，新生婴儿已有两种完全可以分辨得清的情绪反映，即愉快和不愉快，二者都是与生理需要是否得到满足有关的表现。他提出从出生后第一个月的后半月，到第三个月末，相继出现6种情绪，用情绪词汇表达为：欲求、喜悦、厌恶、忿急、烦闷、惊骇。这些情绪不是高度分化的，只是在愉快或不愉快的轮廓上附加了一些东西，主要是面部表情。而惊骇则是强烈的特殊体态反应。4～6个月已出现由社会性需要引起的喜悦、忿急，逐渐摆脱同生理需要的联系，如对同伴、玩具的情感。

美国心理学家伊扎德的情绪分化理论在当代美国情绪研究中颇有影响。他认为，随着年龄的增长和脑的发育，情绪也逐渐增长和分化，形成了人类的9种基本情绪，即愉快、惊奇、悲伤、愤怒、厌恶、惧怕、兴趣、轻蔑、痛苦。每一种情绪都有相应的面部表情模式。他把面部分为三个区域：额—眉，眼—鼻—颊，嘴唇—下巴，并提出了区分面部运动的编码手册。

总之，可以认为，初生婴儿的情绪是笼统不分化的，后逐渐分化，两岁左右，已出现各种基本情绪。在婴幼儿心理发展的过程中，其情绪表现有以下特点。

（1）短暂性：产生情绪的时间较短。

（2）强烈性：对成人而言是微不足道的刺激，但对婴幼儿可引起强烈的情绪反应。

（3）易变性：情绪可以在短时期内有很大的改变。

(4) 真实性和外显性：情绪毫不掩盖，完全表现出来。

3. 婴幼儿情感初步发展

情绪在进化过程中先于情感而产生，情绪不仅人有，动物也有。情感是在与理性的相互作用下，并在社会关系形成进程中发展起来的。对于人类来说，情绪着重体现情感现象的过程和状态，情感主要体现情感现象的内容方面，而且是与社会性需要相联系的那部分情感现象。

对 0～3 岁婴幼儿来说，其生活经历短暂，尚不足以形成稳定的情感。但道德感、美感等高级情感开始萌芽。

二、婴幼儿基本情绪情感表现与应对

1. 哭

众所周知，婴儿出生就会哭。哭代表不愉快的情绪。研究发现，婴儿通过哭的表情和动作反映出来的情绪，很早就有所分化。随着年龄的增长，更进一步分化。第一周婴儿啼哭的原因，主要是饥饿、冷、裸体、疼痛、想睡眠，等等；第 2、第 3、第 4 周，又增加了很多原因，如中断喂奶、烦躁等。以后又出现了因成人离开或玩具被拿走等原因的啼哭。研究表明，婴儿的啼哭有不同的模式，母亲或其他看护人员正是根据这些不同的哭声来判别婴儿啼哭的原因，并采取适当的护理措施。

(1) 正常的啼哭

婴儿正常的啼哭声抑扬顿挫，不刺耳，声音响亮，节奏感强，无泪液流出。每日累计啼哭时间可达 2 小时，每日 4～5 次，均无伴随症状，不影响饮食、睡眠及玩耍，每次哭时较短。

(2) 饥饿的啼哭

饥饿的啼哭是有节奏的，是婴儿的基本哭声。啼哭时还伴随着闭眼、号叫、双脚紧蹬。出生第一个月时，有一半啼哭是由于饥渴引起的。到第 6 个月，这一类啼哭就下降为 30%。对饥饿的啼哭，只要马上给婴儿喂奶，哭声就能戛然而止。

(3) 尿湿性啼哭

尿湿性啼哭常在吃完奶或睡醒后，啼哭强度较轻，无泪，哭的同时，两腿蹬被，有时边哭边活动小屁股。对尿湿性啼哭，需要检查一下婴儿的尿布是否湿了，如果湿了只要为婴儿换上一块干净的尿布即可使婴儿的哭声终止。

(4) 困倦性啼哭

困倦性啼哭一般很强烈，而且还略有颤抖和跳跃，一声声不耐烦地嚎叫。此时应尽快让婴儿的周边安静下来，或者将婴儿置于安静的房间内，轻轻拍拍他，自然会止哭，不久便安然入睡。

(5) 温度不适性啼哭

温度不适性啼哭是指室温偏高或衣服被子太厚时，婴儿哭声较高，并且四肢乱蹬乱伸，伴有面部甚至全身出汗，自己蹬开被子后，哭闹即停止。父母可用手去摸摸婴儿的额头、脖子和耳朵等暴露在外面的部位，如果婴儿脖子和耳朵后面有汗，那表示太热了，如果这些地方很凉，且哭声低沉，哭时肢体少动，则温度太低，需要给婴幼儿添加衣被。

(6) 其他原因引发的啼哭

另外，发怒的啼哭声音往往有点失真。疼痛的啼哭事先没有呜咽，也没有缓慢的哭泣，突然高声大哭，拉直了嗓门连哭数秒，接着是平静地呼气、再吸气，然后又呼气，由此引起一连串的叫声。恐惧和惊吓的啼哭突然发作，强烈而刺耳，伴有间隔时间较短的号叫。招引别人注意的啼哭，从第三周开始出现。先是长时间哼哼唧唧，低沉单调，断断续续。如果没有人理他，就要大声哭起来。

在良好的护理条件下，婴儿随着年龄增长，哭的现象减少。这是由于，第一，婴儿对外界环境和成人的适应能力增强，周围成人，特别是初次当父母的成人，对婴儿的适应性逐渐改善，从而减少了婴儿的不愉快情绪。第二，婴儿逐渐学会用动作和语言来表示自己的需求和不愉快情绪，这就取代了啼哭的表情。偶尔发生莫名其妙的啼哭或其他不愉快现象，可能是发病的征兆。

2. 笑

笑是情绪愉快的表现。婴幼儿的笑比哭发生得晚，可分为自发性的笑和诱发性的笑。引起笑的刺激可以是视觉刺激、触觉刺激、听觉刺激和社会性刺激。4～6 个月婴儿的笑多由触觉刺激引发，7～9 个月婴儿的笑多由触觉刺激、视觉刺激和社会性刺激引发，10～12 个月婴幼儿的笑多由视觉刺激和社会性刺激引发，18 个月婴幼儿的笑多是非社交性微笑，3 岁时有较多的社交性微笑。

婴儿最初的笑是自发性的，或称内源性的笑。这是一种生理表现，而不是交往的表情手段。内源性的微笑，主要发生于婴儿的睡眠中，困倦时也可能出现，这种微笑通常是突然出现的，是低强度的笑。其表现只是卷口角，即嘴周围的肌肉活动，不包括眼周围的肌肉活动。这种早期的笑在 8 个月后逐渐减少。出生后一个星期，新生儿在清醒时间内，吃饱了或听到柔和的声音时，也会本能地嫣然一笑，这种微笑最初也是生理性的，是反射性微笑。

婴儿最初的诱发性笑也发生于睡眠时间。诱发笑与自我笑不同，它是由外界刺激引起的。比如温柔地碰碰婴儿的脸颊，就可能出现诱发笑。新生儿在第 3 周时，开始出现清醒时间的诱发笑。比如轻轻触摸或吹其皮肤敏感区 4～5 秒钟，即可出现微笑。4～5 周婴儿对各种不同刺激可产生微笑。

4 个月前的婴儿只会微笑，不会出声笑。4 个月以后才笑出“咯咯”声来。4 个月前的诱发性笑是无差别的微笑，这种微笑往往还不分对象。比如，3 个月婴儿对正面

人的脸，不论其是生气还是笑，都报以微笑。如果接着把正面人脸变为侧面人脸，或者把脸的大小变了，婴儿就停止微笑。3 个月的婴儿，看见白色或是有斑的花纹，也会微笑。4 个月左右，婴儿出现有差别的微笑。婴儿只对亲近的人笑，或者对熟悉的人脸比对不熟悉的人脸笑得更多。这是最初的社会性微笑。

随着年龄增长，婴幼儿愉快的情绪进一步分化，愉快情绪的表情手段也不再停留于笑的表情了，甚至不只是用面部表情，而较多地用手舞足蹈及其他动作来表示。

家长要尽量满足婴幼儿合理的需要，多拥抱、抚摸、亲吻婴幼儿，给婴幼儿布置一个整洁舒适的环境，多带他外出，多给他看美好的事物，听令人愉悦的声音等，让他置身于一个适合他身心发展的优美环境，激发他的快乐情绪。

3. 恐惧

恐惧是婴幼儿出生就有的情绪反应，甚至可以说是本能的反应。恐惧是一种消极情绪，会引起高度紧张感，使思维受抑制，感知狭窄。

最初的恐惧出生就有，不是由视觉刺激引起，而是由听觉、触觉、机体觉等刺激引起的。如尖锐刺耳的高声、皮肤受伤、疼痛、身体位置突然发生急剧变化、从高处摔下，等等。

婴儿从 4 个月左右开始，出现与知觉和经验相联系的恐惧。此时，恐惧主要由不愉快经验引起，引起不愉快经验的刺激，会激起恐惧情绪。也是从这时候开始，视觉对恐惧的产生渐渐起主要作用。例如“恐高”现象，也随着深度知觉的产生而产生。

6～8 个月时，婴儿出现怕生现象，开始害怕陌生人以及陌生物体。

2 岁左右的婴幼儿，随着想象的发展，出现预测性恐惧，如怕黑、怕狼、怕坏人等。这些是和想象相联系的恐惧情绪。往往是由环境影响而形成。与此同时，由于语言在婴幼儿心理发展中作用的增加，可以通过成人讲解来帮助婴幼儿克服这种恐惧。

处于恐惧情绪中的婴幼儿往往会哭闹不安，有的还会伴有面色苍白或赤红、出冷汗、心率加速、呼吸急促、血压升高等一系列躯体症状。当婴幼儿感觉恐惧时，父母最好把他抱在怀里，并用温和平静的语言告诉他爸妈会在他身边陪伴他。婴幼儿的恐惧情绪一般针对具体情境、具体事物，因此，要及时了解他恐惧的原因，向他做些说明与解释，让他远离恐惧的环境，帮助他减轻恐惧感。

4. 依恋

（1）依恋的定义及类型

依恋是寻求与某人的亲密，并当其在场时感觉安全的心理倾向。有人认为，依恋是本能，小动物也有依恋行为。依恋理论起源于对动物的观察及实验，早期依恋的研究主要集中于婴幼儿的依恋的原因、影响因素、依恋的特性和发展。发展心理学家认为母亲对婴幼儿的依恋是先于婴幼儿对母亲的依恋，并提出了婴幼儿形成依恋的“敏感期”假说。

第3章 教育实施

史克佛和艾默生针对苏格兰婴幼儿的研究指出了依恋的过程：非社会期（0～6周）；无辨识性依恋期（6周～7个月）；特定依恋期（约在7个月大时）；多重依恋期。一般认为，新生儿的依恋对任何人没有较大区别，8～12周开始对母亲反应更多，6～7个月时出现明显的对母亲依恋的情绪，1岁以后逐渐对父亲以及其他家人产生依恋。

艾茵沃斯运用陌生情境测验提出了依恋的四种特质：安全依恋型（secure）、抗拒型（resistant）、逃避型（avoidant）和矛盾型（disorganized），其中后三者属于不安全依恋型。研究表明：依恋模式的变化很大程度上受母亲或养育者对婴幼儿信号敏感性的影响。同时，依恋模式和婴幼儿个人的气质也有关系。一些研究认为，依恋突出表现为三个特点：（1）依恋对象比任何别的人更能抚慰婴幼儿；（2）婴幼儿更多趋向依恋目标；（3）当依恋对象在旁时，婴幼儿较少害怕。当婴幼儿害怕时，更容易出现依恋行为。

刘占兰的研究说明，6个月至一岁半的婴幼儿开始进入托儿所时，普遍存在分离焦虑。这种分离焦虑源于依恋障碍，主要是依恋对象的消失。该年龄婴幼儿依恋程度的差异与交往经验的差异有关。

（2）婴幼儿不同阶段的母婴依恋行为特征

母婴依恋表现为：将多种行为，如微笑、咿呀学语、哭叫、注视、依偎、追踪、拥抱等都指向母亲，最喜欢同母亲在一起，与母亲的接近会使他感到最大的舒适、愉快，在母亲身边能使他得到最大的安慰；同母亲的分离则会使他感到最大的痛苦；在遇到陌生人和陌生环境而产生恐惧、焦虑时，母亲的出现能使他感到最大的安全、得到最大的抚慰；而平时当他们饥饿、寒冷、疲倦、厌烦或疼痛时，首先要做的往往是寻找依恋对象。婴幼儿不同阶段的母婴依恋行为表现见表3—5。

表3—5 婴幼儿不同阶段的母婴依恋行为表现

月龄	依恋阶段	行为表现
0～3个月	无差别的社会反应阶段：此时婴儿还未对任何人，包括对母亲产生偏爱	注视人的脸，看到人的脸或听到人的声音都会微笑、手舞足蹈。同时，所有的人对婴儿的影响都是一样的，他们与婴儿的接触，如抱他、对他说话，都能使之高兴、兴奋，同时感到愉快、满足
3～6个月	有差别的社会反应阶段：这时婴儿对人的反应有了区别，对人的反应有所选择，对母亲更为偏爱	婴儿对母亲和他所熟悉的人及陌生人的反应是不同的。这时婴儿在母亲面前表现出更多的微笑、咿呀学语、依偎、接近。而在其他熟悉的人如其他家庭成员面前，这些反映则相对少一些，对陌生人的反映更少，但是依然有这些反应，多数婴儿也不怕生

续表

月龄	依恋阶段	行为表现
从6～7个月起	特殊的情感联结阶段：婴儿进一步对母亲的存在特别关切，婴儿此时开始怯生	愿意与母亲在一起，与她在一起特别高兴，而当她离开时则哭喊不让离开，别人还不能替代使婴儿快活，当她回来时婴儿则能马上显得十分高兴。同时，只要母亲在他身边，婴儿就能安心地玩、探索周围环境，好像母亲是其安全的基地。婴儿出现了明显的对母亲的依恋，形成了专门对母亲的情感联结。与此同时，婴儿对陌生人的态度变化很大，见到陌生人，大多不再微笑、咿呀作语，而是紧张、恐惧甚至哭泣、大喊大叫
2岁以后	目标调整的伙伴关系阶段：婴儿把母亲作为一个交往的伙伴，并认识到她有自己的需要和愿望，交往时双方都应考虑对方的需要，并适当调整自己的目标，这时与母亲空间的邻近性逐渐变得不那么重要	当母亲需要干别的事情要离开一段距离时，婴儿会表现出能理解，而不会大声哭闹，他可以自己较快乐地在那儿玩或通过语言与母亲交谈，相信一会儿母亲肯定会回来

三、在生活照顾中渗透情感交流

马尔文指出："在第一年末儿童企图影响他们的照料者按照他们的行为去做。在第二年和第三年时，儿童可调整他们的计划去适应照料者的计划。然而，在这个时期，儿童并不是从人的角度来看待照料者，他们只是关心照料者怎么做。到4岁左右时儿童才把照料者看作有感情、有动机的独立的人……为了相互适应，儿童必须能够设身处地的了解别人。因为道德包含着对别人的尊敬，包含着了解别人的成熟的依恋在道德发展中是重要的。"基于0～3岁婴幼儿的主要成长环境是家庭，育婴员在各项生活照顾中渗透情感交流，对促进婴幼儿良好的情绪情感发展尤为重要。

1. 在生活照顾中渗透情感交流的原则

初生婴儿无法独立生活，必须依赖成人的生活照顾，尤其是母亲无微不至的关怀，才能正常地生长发育，养成良好的性格。这当中，包括给他母乳及营养食物，供给他生长发育所需的营养；保证他充足的睡眠、让身体及大脑获得足够的休息；帮助他处理大小便，保持清洁，做好身体的卫生保健；帮助他激发并汲取感官经验，保证脑需要的"精神食物"；给他安全的环境，防止伤害避免危险，等等。不难看出，对婴幼儿一日生活照料就是由若干环节组成的，如觉醒时间、哺喂时间等。

在生活照顾中渗透情感交流的原则有以下 5 点。

(1) 坚持母乳喂养

母乳喂养是母亲和婴幼儿心灵交往的开端。新生儿来到人间，在母亲的搂抱与爱抚中立即感受到母爱与安全，增进母婴之间的情感。新生儿的皮肤感觉出现最早而且非常灵敏，当他投入母亲的怀抱，接触到母亲肌肤的体温时，婴幼儿获得的不仅是舒适的柔软和气息，他会把母亲当成他的整个世界。从此，他每时每刻都盼望母乳的喂哺，来满足他生理的需要，同时渴望着母亲的搂抱来满足他的“皮肤饥饿”和“情感饥饿”。

(2) 坚持和婴幼儿面对面地交流

这是婴幼儿最初的人际交流。母亲或育婴员的柔声细语、逗乐声能引起婴幼儿的听觉反应。母亲或育婴员微笑的脸能吸引婴幼儿视觉集中。面对面和他讲话，张嘴闭嘴多次重复的动作会诱引婴儿模仿张口动嘴的兴趣。心理学家称这种动作为“共鸣动作”。据研究证实：新生儿出生后仅 20 小时就能诱发他跟着母亲做伸吐舌头的动作。这种杰出的能力显示出母子间的精神联系。因此，不要认为喂奶或喂食仅能使婴儿消除饥饿，更重要的是婴儿在与母亲、育婴员的交往中获得观看、倾听、触摸的机会，产生良好的情绪，启迪模仿能力，发展感知觉，学习与他人交往。

(3) 在处理婴儿大小便及清洁卫生时间与婴幼儿交流

婴幼儿不能自理大小便，需要一天数十次地为他换尿布。清洗臀部、洗澡、换衣等生活照顾，也要接触婴幼儿的身体。湿尿布使他感到“难过”，干净尿布使他感到“舒适”。多次更换尿布感受到的经验使婴幼儿学会了尿湿了就以哭来表示要求，换好后对着母亲或育婴员微笑，手舞足蹈表示满足。母亲或育婴员可在换尿布的过程中对婴儿说，“婴幼儿张开两腿，换尿布”，每次换尿布都重复，以建立条件反射。婴儿受到语言和动作的刺激，到了 4～5 个月时会自动配合换尿布，能自己翘起两腿，抬高臀部，等待母亲或育婴员为他换尿布，这是成人与婴儿交往获得的回报。同样，在洗手洗脸、洗澡等其他生活照顾中进行交流也会产生很好效果，使婴儿身体得到了锻炼，增强了活动能力，促使感知觉灵敏，情绪愉快。

(4)“玩”是与婴幼儿交流的最好形式

婴儿生长发育十分迅速，育婴员应随着婴幼儿发育的需求，适时地供给大脑丰富的“精神食物”，各种促进脑细胞生长的刺激，使大脑能“吃饱”“吃好”，并能消化吸收。从最初认识自己的手脚、奶瓶到其他用品、玩具等，从认识家人，到感知身边环境中的人和事，开始他人生最初的人际交往。

(5) 安全的关系与环境是与婴幼儿进行良好交流的基础

婴儿年幼无知，随时随地都需要母亲及育婴员的保护以防受到伤害，在日常生活中对婴儿的照顾不可粗心大意，同时，满足婴儿依恋需要，给予其安全感也非常重要。

2. 生活照顾中渗透情感交流的具体方法

在各种生活照料活动中，和婴幼儿进行情感交流的方法主要有目光交流、交谈、抚触、表情与动作等。

(1) 温柔的注视

育婴员抱起新生婴儿面对面注视时，最佳距离为 20～30 cm。育婴员还可以一边说话，一边慢慢移动自己的面部，让婴幼儿的头和眼球随你而转动。这个动作虽然不难，却有着重大的意义，能够锻炼婴幼儿的敏感性，通过经常的训练有助于婴幼儿的智力开发和感觉发展。

(2) 用温柔的语言和婴幼儿在注视中亲切地交流

母亲和育婴员可以这样和婴幼儿说话："婴幼儿看到妈妈了吗?""婴幼儿笑一笑"等，这时婴幼儿可能会像很懂事地凝视着并听母亲与育婴员喃喃说话。他们有时会闻到奶香，寻找奶头，有时还会张开小嘴露出短暂微笑。

(3) 在照料活动中和婴幼儿谈话

每次给婴幼儿喂奶、换尿布、洗澡时，育婴员都要抓紧时机与婴幼儿谈话。"宝宝吃奶了""宝宝乖""我们现在开始洗澡咯"以此传递育婴员的声音，增进亲子间的交流。婴儿出生后要尽量给他们创造一个丰富的投入感情的语言环境，利用各种机会给婴儿以丰富多彩的情感生活。在每日的照料中，喂奶、换尿布、擦脸、洗澡……每一个动作都是一个很好的语言交流的机会，要抓住这些情境，把爱意通过语言传递给婴幼儿。

(4) 哺乳时尽量与婴幼儿肌肤相亲

这样做，会使婴幼儿感受到母亲与育婴员的怀抱是他最安全的场所。婴幼儿会安静地满足这种依恋，并形成良好的早期记忆。

(5) 温柔舒适的肌肤接触

可轻轻抚摸婴幼儿的小手，传递爱意的同时还能让婴幼儿感受到皮肤的触觉，还能有利于他们的抓握反射，提高婴幼儿的灵敏度。这对今后婴幼儿的经验积累，心理发展和形成良好的人际关系是十分有益的。在医生指导下坚持每日为婴幼儿做被动操也很有必要。

(6) 以表情与动作和婴幼儿交流

婴幼儿出生后，对人脸表现出明显的兴趣，如果母亲与育婴员的脸在婴幼儿适宜的视线范围内出现，婴幼儿会饶有兴趣地注视。而且婴幼儿具有天生的模仿能力，如果这时对着他微笑，婴幼儿也会露出浅浅的微笑来呼应。这种交流能够促进婴幼儿的模仿能力，在以后的日子里，婴幼儿通过模仿，能学到更多的东西。当然，更为重要的是，在这种互动过程中婴幼儿感受到良好的亲子关系并保持情绪愉快。

在一日生活活动中的渗透情感交流的具体方法详见表 3—6。

表 3—6　　　　一日生活活动中情感交流的渗透

照料环节	情感交流的渗透
觉醒	在婴幼儿觉醒时间，多和婴幼儿说话、交流，满足婴幼儿吸收外部刺激的需要，让婴幼儿从成人的面部表情和语音语调里，捕捉各种信息
哺喂	婴儿获取食物不得不依靠成人的帮助，这就构成了最初的人与人之间的沟通。在哺喂时间多和婴幼儿进行情感交流，使婴儿在轻松与安全的情感体验中获得生理的满足，不仅有助于食欲和消化，更是建立一种良好亲情关系的重要途径
睡眠	为婴幼儿轻轻哼唱摇篮曲、给婴幼儿讲一个睡前故事等，都可以帮助婴幼儿更愉快地进入睡眠，也让他感受到母亲与育婴员的关心、关注和爱
洗澡	舒适的水温、育婴员谨慎而为的保护性动作及愉悦的情感交流能让婴幼儿在洗澡的时候感到舒适和安全，喜欢洗澡这个清洁身体的活动。这种在情景中的情感交流对促进婴幼儿的社会性、语言理解力等都大有益处
换尿布	换尿布又是一次与婴幼儿情感交流极好的时机。重要的是，婴幼儿再小，也要让他知道，换尿布不只是大人的事，也是婴幼儿自己的事。因此，育婴员要通过语言，让婴幼儿始终参与换尿布的全过程，因为特定情境中情感沟通对婴幼儿是最有意义的
外出散步	从出发时的准备开始就可以和婴幼儿互动交流，向婴幼儿描述或和他聊聊一路上看到的事物，让婴幼儿建议散步的目的地或路线等

技能要求

【操作技能 1】辨析哭声

随着婴幼儿逐渐长大，当他慢慢学会用其他方式（比如用眼神、微笑或发出声音）和大人交流后，用哭闹来表达需求的次数自然就会减少。要想知道婴幼儿哭闹的原因，的确需要经过一段时间的不断摸索和尝试。可以通过自然观察法掌握辨析哭声、回应哭声的方法。

一、操作步骤

1. 制定自然观察记录表

婴幼儿哭声辨析与回应记录、分析表

婴幼儿姓名：　　　　　　　　　　　婴幼儿月龄：
记录时间：　　　　　　　　　　　　记录人身份或姓名：

引起婴幼儿哭闹的情景	婴幼儿哭声及状态描述（或用视频记录）	成人的回应方式	婴幼儿对成人回应后的反应	婴幼儿哭闹原因分析	成人回应是否有效分析

2. 实施自然观察

当婴幼儿发生哭闹时，便开始实施记录，将哭闹的情景、成人回应方式等较详细地进行白描式记录，客观真实地再现场景有助于分析哭闹的原因。坚持一段时间，多次记录后的分析有助于育婴员总结归纳出应对婴幼儿不同原因哭闹的有效方法。表格填写样例如下。

婴幼儿哭声辨析与回应记录、分析表

婴幼儿姓名：小宝　　　　　　　　　婴幼儿月龄：1个月5天
记录时间：2013年6月15日7：00　　记录人身份或姓名：育婴员

引起婴幼儿哭闹的情景	婴幼儿哭声及状态描述（或用视频记录）	成人的回应方式	婴幼儿对成人回应后的反应	婴幼儿哭闹原因分析	成人回应是否有效分析
他刚刚喝完奶，放在床上躺了一会儿，突然就哭了	哭声很大、很突然	和他说话，拍拍他，逗逗他	还是哭	——	——
		赶紧把他从小床上抱出来，发现纸尿裤已经湿了	一直哭	——	——
		给他换了尿布	不哭了	尿湿了不舒服会哭	及时为他换好纸尿裤就好了

3. 婴幼儿哭声回应的有效策略

导致不同月龄段婴幼儿哭闹的原因有很多，这里推荐一些普适性的建议和策略。

(1) 把婴幼儿包裹起来抱紧他

新生儿喜欢被拥抱的安全感觉，就像以前在子宫里那样。所以，育婴员可以试试用毯子把婴幼儿包起来，看他是否喜欢。很多人还发现抱紧婴幼儿，特别是让他能听到你的心跳或者使用婴儿背带能让婴幼儿安静下来。但是注意有些婴幼儿会觉得被包起来或被抱着太受束缚，他们更喜欢其他的安慰方式，比如摇晃或唱歌等。

(2) 让婴幼儿听听有节奏的声音

婴幼儿在子宫里就可以听到母亲有规律的心跳声，这是他们为什么喜欢被抱紧的一个原因。除了心跳外，其他一些有规律的、重复的声音也有安抚作用。育婴员可以试着放些轻柔的音乐或唱个摇篮曲。

(3) 轻轻摇晃婴幼儿

大多数婴幼儿都喜欢被轻轻地摇晃，育婴员可以抱着他边走边晃，也可以抱着他坐在摇椅上。不过，不同的婴幼儿对速度的感觉也不同。有些婴幼儿只要用专用的婴儿摇篮就可以了，但另一些婴幼儿则喜欢更快一点的动作，他们一坐上汽车，就几乎能马上睡着。

(4) 给婴幼儿按摩

给婴幼儿做个按摩，或者轻轻地抚摸他的后背或肚子，有助于让他安静下来。如果婴幼儿好像是胀气不舒服，就尽量抱直他给他喂奶，喂完奶后让他趴在育婴员肩膀上给他拍嗝。如果是肠绞痛的婴幼儿，有时候给他揉揉肚子就能让他平静下来。

(5) 让婴幼儿吸吮一个东西

有些新生儿非常想吸吮一个东西，给他一个安抚奶嘴或者让他嘬手指，就能让他平静下来。这种“有抚慰作用的吮吸”能使婴幼儿心跳平稳，肚子放松，也有助于他安静下来。

二、注意事项

有效应对婴幼儿的哭闹，除了要及时回应、满足婴幼儿的生理需求外，关注情感和心理需求也非常重要，育婴员要避免以下错误的做法。

1. 转移婴幼儿的注意力

当婴幼儿哭的时候，很多人都会用这种转移注意力的方法来让孩子停止哭闹，这其实是一种变相压抑孩子情绪的做法。

2. 推脱责任

最常听到的就是成人总是说“都怪这桌子不好，我们打它!”。如果这样的情形多次发生，很容易导致孩子在遇到挫折时，不会从自己的身上找原因，而总是把责任推卸到别人身上。这也会让孩子不愿意去面对自己的负面情绪，不知如何从挫折中总结出经验和教训。

3. 责怪婴幼儿

常听到家长责怪婴幼儿说："你怎么那么不小心?""这点小事也哭，你怎么那么懦弱"等。"懦弱"这种词会进入婴幼儿的潜意识，成为一种无形的力量，降低他的自我价值感。自我价值感低了，孩子将来在处理事情时，就会没有信心或感到无力。

【操作技能 2】满足依恋

在母婴依恋建立过程中，母亲对儿童反应的敏感性、接受性促使形成一种稳定的依恋。这种依恋对儿童的合作性、社会性行为以及表达正性情绪的能力都有帮助。当它发展成为更平衡的伙伴关系后，它将有助于儿童自我导向及领会别人的感情和关切。因此，依恋感的培养又是移情能力和同情心形成的基础，要重视在婴幼儿早期建立依恋感。可以通过自然观察法了解婴幼儿个体的依恋行为特征及适宜的满足方法。

一、操作步骤

1. 制定自然观察记录表

婴幼儿依恋行为的记录、分析表

婴幼儿姓名：　　　　婴幼儿月龄：

记录时间：　　　　记录人身份或姓名：

婴幼儿的主要依恋对象	婴幼儿的依恋表现	依恋对象的回应表现	分析建议

2. 实施自然观察

在育婴员或周围其他人和婴幼儿逗玩时、婴幼儿主动发起与育婴员互动时、婴幼儿周围的成人发生变化（比如离开、多出来一位成年人）等各种婴幼儿与成人可能发生互动关系时进行观察记录。可以用现场录像、事后再进行文字记录与分析的方法。坚持一段时间，多次记录后的分析有助于育婴员分析婴幼儿的依恋行为特征以及建立良好的依恋关系的有效方法。婴幼儿依恋行为的记录、分析表见下表。

婴幼儿依恋行为的记录、分析表

婴幼儿姓名：小小　　　　婴幼儿月龄：4 个月 5 天

记录时间：2013 年 5 月 3 日 9：00　　　　记录人身份或姓名：育婴员

婴幼儿的主要依恋对象	婴幼儿的依恋表现	依恋对象的回应表现	分析建议
母亲	宝宝躺在床上，外公在逗宝宝玩，妈妈走过来，宝宝的眼睛马上盯着妈妈	妈妈故意不理睬他，马上走开	

续表

婴幼儿的主要依恋对象	婴幼儿的依恋表现	依恋对象的回应表现	分析建议
母亲	宝宝眼睛盯着离开的妈妈	妈妈并没有走远，又转身回来，弯腰看着他："宝宝在找妈妈，是不是？"	
	宝宝笑得"咯咯"出声	妈妈亲亲宝宝	虽然育婴员带得多，但孩子还是特别要妈妈，应该让妈妈多陪陪孩子

3. 建立良好的母婴依恋关系的有效策略

建立理想的依恋关系，让婴幼儿"恋"上母亲很重要。具体的策略如下：

(1) 牢牢把握婴幼儿依恋关系形成的关键期

父母在婴幼儿出生后的6～18个月中，增加与他亲密接触的机会。即使是短暂的爱抚、拥抱、亲吻都可以让婴幼儿感受到爱。如果由于工作繁忙的原因，长时间地让育婴员或爷爷奶奶带婴幼儿，自然会错失良机。

(2) 运用"耐心+稳定的情绪"的公式

婴幼儿非常"贪得无厌"，父母需要付出相当多的关注、照料和教导。有时婴幼儿烦躁不安、哭闹不止，父母要及时调控自己的情绪，表现出足够的宽容与耐心。有些家长对婴幼儿时而热情时而冷淡，随着自己的情绪而变化。这会使婴幼儿感到无所适从，久而久之会对父母缺乏信任。

(3) 敏感地应对婴幼儿的信号

当婴幼儿有需要时，会以各种方式吸引成人的注意力：哭闹、手势、咿咿呀呀地咕哝声。如果他的信号屡遭忽视，他就会对成人渐渐变得冷淡。

(4) 鼓励孩子加入同伴小群体

在婴幼儿18个月后，多让他与年龄相仿或稍大的孩子接触、玩耍。让婴幼儿从家里走向社会，融入同伴群体，更能培养他的独立自主性。

二、注意事项

很多婴幼儿缺乏安全依恋往往是由成人不当的带养方式造成的，如成人突然离开等，这些会导致婴幼儿出现黏人、分离焦虑、依恋物等问题。

对于黏人的婴幼儿：(1) 最好和孩子一起来熟悉环境，熟悉之后，使孩子体验到转入新环境、新关系后爱依然存在，黏人的问题也就慢慢消失了。（2）每次上班前，让父母和婴幼儿有一个正式的告别仪式，告诉婴幼儿爸爸妈妈会几点钟回来。另外，经常和婴幼儿玩捉迷藏，通过游戏，反复告诉婴幼儿：妈妈虽然看不见了，但依然会存在，而且会回到你身边。

对于有依恋物的婴幼儿：平时多拥抱婴幼儿；不要强行要求婴幼儿戒掉依恋物；多找替代品，逐步转移婴幼儿对一个物品的依恋；适当的时候，可以为婴幼儿举行一个戒除依恋物的小仪式。

学习单元 2 婴幼儿社会性发展游戏

学习目标

- 了解婴幼儿社会性发展的特点
- 掌握婴幼儿社会性发展游戏的作用
- 能陪伴婴幼儿进行促进社会性发展的游戏

知识要求

一、社会性的定义

社会性是生物作为集体活动的个体，或作为社会的一员而活动时所表现出的有利于集体和社会发展的特性，是人不能脱离社会而孤立生存的属性。人并不是自然界中唯一具有社会性的生物。自然界中，还有很多生物比人更具有社会性，如蚂蚁、蜜蜂等。

1. 人的自然属性与社会属性

人的自然属性也称为人的生物性，它是人类在生物进化中形成的特性，主要由人的物质组织结构、生理结构和千万年来与自然界交往的过程中形成的基本特性，如食欲、性欲、自我保存能力等。

人的社会属性是人作为集体活动的个体，或作为社会的一员而活动时所表现出的

特性。人的社会属性中有一部分是对人类整体发展有利的基本性质（社会性），也有一部分对社会不利的性质（反社会性）。

2. 社会性与反社会性

人的社会属性包括了社会性和反社会性两个方面，人的社会属性基本上是后天形成的。

通常把一些对人类整体运行发展有利的基本特性称为人的社会性，如利他性、服从性、依赖性，以及更加高级的自觉性等。

通常把对人类整体运行发展不利的基本特性称为人的反社会性。一般人的反社会性是由于把人的自然属性发挥到对社会发展不利的地步。如利己发挥到损人、损害公众、损害社会；自我保护发挥到残害其他生物，甚至其他的人，等等。

二、婴幼儿社会性行为表现与应对

人类从出生到长大成人的过程，是一个不断社会化的过程，社会性发展水平越高，其社会适应性就越强。0～3 岁婴幼儿正处于从一个“生物人”走向“社会人”的初始阶段。

1. 认生与害羞

认生是每个婴幼儿都会经历的发展阶段，有些长大后自然会减低，有的则会持续一生，这与婴幼儿个人的气质有关。有些活泼外向，有些则容易害羞，这是很自然的现象。

婴幼儿认生，是自我意识萌芽的表现，不必急于矫正。造成婴幼儿害羞的原因主要有两种，其一是自身因素，其二是家庭因素。自身因素可能与孩子身材过胖、过瘦、身体有缺陷，或是觉得自己长得不好看有关。家庭因素可能是父母要求过高或过度保护，例如，父母如果万事要求完美，可能使孩子因担心事情做不好而挨骂，经常产生胆怯或害羞的情绪；而过度保护会使孩子难以克服陌生、焦虑的情绪，害怕与人接触，长久下去可能会使孩子产生自卑的性格，有碍其发展。

若婴幼儿有过度害羞的毛病，父母所扮演的角色就很重要。专家建议，此时父母应多鼓励孩子与人接触，并多让孩子有表现的机会，以赞美、鼓励来代替责骂，让婴幼儿觉得自己是被接纳的、被喜爱的，让婴幼儿在充满安全感的环境下，建立自我价值。

2. 模仿行为

模仿是人社会行为的重要部分，与学习问题、解决能力有极大的关联，也是检查婴幼儿心智成长的重要依据。婴儿到三四个月时才会模仿，如模仿妈妈的各种动作等，期待与妈妈建立关系。3 岁左右，就会开始展开模仿游戏，疯狂地模仿周围的人，并显得乐在其中。常见的有模仿父母举止行为，以此来了解成人的世界或表达自己的感

受。

虽然早期的婴幼儿模仿只是一种反射驱使行为，不是真正的模仿。但成人还是可以多与孩子互动，如张嘴、吐舌等，可提供婴幼儿感兴趣的刺激。

3. 反抗行为

人生的第一次反抗期，大约是在 2 岁出现。婴幼儿经常将“不要”挂在嘴边，开始和爸妈作对，妈妈叫他不要做某一件事，他偏偏就要去做，而且任何事情都想自己动手处理，却又经常把事情“搞砸”。

面对婴幼儿的反抗行为，父母不必担心婴幼儿会成为“叛逆小子”。据研究显示，如果婴幼儿时期没有过反抗行为的孩子，可能会成为意志力薄弱的小孩，所以孩子出现反抗行为，其实是件好事。但要注意，也不要一味地放纵婴幼儿，否则会将事情搞得更糟。正确的处理方式是有技巧地转移孩子的注意力。首先父母先深呼吸，做和婴幼儿长期抗战的心理准备；接着经常使用赞美的方式来鼓励孩子，例如，夸赞婴幼儿：“你会自己收玩具，好棒啊！可不可以再帮妈妈一个忙呢?”另外，千万不要用打骂、威胁等方式，否则可能会引起孩子更强烈的反抗。

4. 利社会行为

人类的天性中就含有利社会行为。从出生开始，人类就不断地发展利社会行为。婴幼儿从出生到 6 个月就开始展现此项行为的特质，例如心情好时对大人微笑，情绪不佳时则哭闹。到 1～2 岁，婴幼儿开始服从大人简单的要求，对游戏的规则有粗浅的认识，并开始懂得安慰人，主动帮妈妈。2～3 岁婴幼儿的利社会性行为反应就更加明显了，孩子知道应该要帮助人，也愿意表达乐于助人的意愿。婴幼儿的利社会行为表现还有同情和怜悯等。

5. 攻击行为

婴幼儿时期的攻击行为多没有敌意，例如当婴幼儿动手抢别人手上的物品时，注意力多在物品上，而非人的身上，其目的是在夺取物品，而不是真的想伤害人。所以时常会出现打人或力度稍重的情况。到了婴幼儿期，虽然较少有攻击身体的情况，但敌意却增加不少，婴幼儿会开始有嘲笑他人的行为，特别是 3～5 岁时，经常会为了抢玩具，而有意图地伤害同伴。

婴幼儿的攻击行为会随着年龄增长，社会互动增多、自我控制增强而改善，所以不用太过紧张。不过，如果对婴幼儿的行为感到难以控制时，不要随便扔一个玩具让婴幼儿宣泄，否则会适得其反，反而让婴幼儿认为生气时打人是被允许的。

三、婴幼儿社会性的培养

对婴幼儿社会性发展影响最大的早期人际关系有两种，一是亲子依恋关系，二是同伴交往关系。在亲子依恋关系中，婴幼儿获得的是安全感和信任感，这种积极的情

第3章 教育实施

感体验奠定了他们与其他人交往时健康的人格态度。而同伴交往关系对婴幼儿的社会性发展却是最关键的，同伴之间平等、互惠的关系，能使孩子逐步理解规则公正的意义，从中需要学习沟通、协商、分享，学习什么时候要让步，如何保护自己等交往的技巧，最终学会的是成功地与人相处的能力。

研究证明，孩子的社会交往经验和技巧，直接与同伴接触的多少相关。因此，为孩子提供交往的机会是很重要的，在孩子的社会交往中应把握以下几点：

1. 冲突比回避好

婴幼儿不能很好地理解他人的行为和想法，他们在一起时常常会产生冲突，这是难免的。作为成人要清醒地认识到，幼小儿童之间的冲突与攻击性行为是不同的，冲突不是坏事，恰恰是一次学习的机会，因为冲突的结果无论怎样都会给孩子一种体验，而这种体验带给孩子的一定是社会性的认知，反复体验又会使孩子获得社会性机智。而要思考的，则是如何利用这个机会。如果怕引起冲突而不让孩子与同伴交往，结果得不偿失。

2. 示范比说教好

婴幼儿还不能理解空洞的道理，他（她）只会以自身的感受来做判断，所以如果要教会婴幼儿什么，成人就应不断地利用一切可能的机会以平行的方式进行示范，不一定要求他们即时模仿。比如，要求婴幼儿有礼貌地与老师打招呼，成人就应该经常当着他们的面主动热情地先与老师打招呼，用不着一个劲地催逼。成人的示范对婴幼儿会起到潜移默化的影响，通过延迟模仿转化成为婴幼儿的行为。

3. 等待比强制好

这是要求成人对婴幼儿行为保持一种宽容的态度，因为婴幼儿的行为常常是情绪性的，往往还受制于社会性认知水平，而成人的态度则应当是理智的。所以，当婴幼儿表现出某些负面的交往行为并处于消极的情绪状态时，可以暂时忽略，然后再想办法创设类似的行为情景，让他（她）重新体验。如果用强制的方法让婴幼儿按照成人的要求做，则带给他的还是消极的情绪，并不利于塑造孩婴幼儿子的正确行为。

4. 避免做“电视婴幼儿”

孩子如果看太多电视，电视上一些不良的电视画面会影响婴幼儿，很容易学到偏差的行为。所以父母应避免两岁以下的婴幼儿成为电视儿童，否则坏习惯将很难根除。

四、婴幼儿社会性发展游戏

婴幼儿的社会性发展主要表现在生活和游戏中的交往、配合等行为。婴幼儿在游戏中可以使自身的各种能力和才华得到充分的施展，尽情地想象和创造，从生理上和心理上得到快乐和满足，使各种知识技能都得到发展。游戏能促进婴幼儿自我认知的发展、社会认知的发展、亲子关系、同伴合作、亲社会行为等社会性方面的认识能力和实践经验的发展。

游戏中的人际关系有利于婴幼儿交往技能的发展。在游戏中的婴幼儿，既是平等互惠的同伴关系，又是具有互补性的同伴关系，还是一种游戏中的角色关系。在游戏中，一方面要表达自己的意愿、主张、态度；另一方面还要理解他人的意愿、主张和态度，并做出回应。游戏还帮助婴幼儿在交往活动中形成一定的交往技能，并学会游戏中的交往规则。

技能要求

【操作技能 1】娃娃家

一、游戏功能

促进婴幼儿的假想能力的发展，鼓励婴幼儿的社会交往能力的提高，并获得社会生活中的经验。

二、适宜月龄

19～24 个月。

三、操作准备

娃娃家玩具一套。

四、操作步骤

1. 参与婴幼儿的娃娃家游戏，请婴幼儿给育婴员或家人婴幼儿倒水、烧饭。

2. 鼓励婴幼儿把烧好的饭端给育婴员，并请婴幼儿给育婴员喂饭。“哇，宝宝烧的饭真好吃啊，谢谢宝宝！”

3. 随着婴幼儿假想游戏水平的提高，育婴员可以让孩子来扮演洋娃娃的妈妈，鼓励婴幼儿给洋娃娃烧饭、喂饭、洗脸、洗澡、洗衣、抱娃娃出去玩，陪娃娃睡觉。

4. 进一步提供医院等假想游戏的玩具材料，进行“医院等假想游戏”，如照顾生病的娃娃等，鼓励婴幼儿的角色扮演水平的提升。

五、注意事项

婴幼儿最喜欢玩这些模仿成年人的游戏，育婴员和家人的任务是支持他进行模仿游戏，同时参加到游戏中配合他玩得更逼真。

【操作技能 2】交换礼物

一、游戏功能

促进婴幼儿社会交往能力的发展，学习分享。

二、适宜月龄

25～30 个月。

三、操作准备

1. 每个婴幼儿各自准备小礼物一份。
2. 利用节日等特殊的、有意义的日子进行这个游戏。

四、操作步骤

1. 和孩子一起为快要到来的节日共同采买小礼物，在这个过程中，可以多听听婴幼儿的意见："宝宝，你看这个礼物如何，我们要在××日子送给小朋友，到时候，你也会收到小朋友的礼物呢"。

2. 和孩子一起把礼物包装起来，让孩子一起参与这个为小朋友准备小礼物的过程。

3. 节日当天，鼓励婴幼儿主动把自己的小礼物和他喜欢的小朋友进行交换，和小朋友一起拥抱，表示友好，在这个过程中，可告诉孩子与同伴交往的方法。

五、注意事项

如果婴幼儿不肯把自己的礼物和小朋友进行交换，育婴员要注意多鼓励，千万不要责怪他。

参考文献

[1] 刘湘云，陈荣华，赵正言. 儿童保健学（第4版）[M]. 南京：江苏科学技术出版社，2011.

[2] 黎海芪，毛萌. 儿童保健学 [M]. 北京：人民卫生出版社，2009.

[3] 丁昀. 育婴员：国家职业资格五级 [M]. 北京：中国劳动社会保障出版社，2006.

[4] 中国营养学会妇幼分会. 中国孕期　哺乳期妇女和0～6岁儿童膳食指南 [M]. 北京：人民卫生出版社，2008.

[5] 崔焱. 儿科护理学（第5版）[M]. 北京：人民卫生出版社，2013.

[6] 沈晓明，王卫平. 儿科学（第7版）[M]. 北京：人民卫生出版社，2008.

[7] 夏泉源，张静芬. 临床护理（下册）（第1版）[M]. 北京：人民卫生出版社，2002.

[8] 张静芬. 儿科护理学（第2版）[M]. 北京：科学出版社，2013.

[9] 孟昭兰. 情绪心理学 [M]. 北京：北京大学出版社，2005.

[10] 张文新. 儿童社会性发展 [M]. 北京：北京师范大学出版社，1999.

[11] 林崇德. 发展心理学 [M]. 杭州：浙江教育出版社，2002.

[12] 王明辉. 0～3岁婴幼儿认知发展与教育 [M]. 上海：复旦大学出版社，2011.

[13] 弗拉维尔，米勒. 认知发展 [M]. 邓赐平译. 上海：华东师范大学出版社，2002.

[14] 华爱华，茅红美. 宝贝涂鸦 [M]. 上海：少年儿童出版社，2012.

[15] 朱莉琪，方富熹. 儿童认知发展研究的新进展 [J]. 心理科学，1997（02）：151－155.

[16] 王燕，王异芳，方平. 学前儿童的情绪理解和情绪调节 [J]. 幼儿教育（教育科学版）. 2008（11）.

[17] 刘国雄，方富熹. 关于儿童道德情绪判断的研究进展 [J]. 心理科学进展. 2003（01）：55－60.

[18] 宁雪华，花蓉，胡义青. 国内关于同伴关系对儿童社会性发展影响研究的进展 [J]. 江西教育科研. 2007（06）：84－86.